Heike Engel-Wollenberg
Die eigene Berufung finden

Heike Engel-Wollenberg

Die eigene Berufung finden – Positionierungsmarketing auf den Kopf gestellt

Ein Leitfaden für Selbstständige und Gründer

budrich Inspirited
Opladen • Berlin • Toronto 2017

Bibliografische Information der Deutschen Nationalbibliothek
Die Deutsche Nationalbibliothek verzeichnet diese Publikation in der Deutschen Nationalbibliografie; detaillierte bibliografische Daten sind im Internet über http://dnb.d-nb.de abrufbar.

Gedruckt auf säurefreiem und alterungsbeständigem Papier.

budrich Inspirited ist ein Imprint des Verlags Barbara Budrich
www.budrich-inspirited.de

ISBN 978-3-8474-2009-5
eISBN 978-3-8474-0980-9 (pdf)

Umschlaggestaltung: Bettina Lehfeldt, Kleinmachnow – www.lehfeldtgraphic.de
Lektorat & Satz: Ulrike Weingärtner, Gründau – info@textakzente.de
Druck: paper & tinta, Warschau
Printed in Europe

Vorwort von Kurt Tepperwein

Als ich vor über 20 Jahren meine ersten Vorträge und Seminare zum Thema „Vom Beruf zur Berufung“ hielt, wurde der Begriff „Berufung“ noch sehr eng verwendet: Hohe Persönlichkeiten wurden „in Amt und Würden berufen“. Theologen wurden von Gott zu ihrem Dienst berufen.

Doch selbst Künstler waren in ihrer künstlerischen Tätigkeit noch kaum als „Berufene“ gesehen. Meine Botschaft damals war: Berufung ist nicht nur etwas für „Auserwählte“, sondern jeder ist berufen, seinen Platz im Leben zu finden und seiner inneren Stimme als Rufende zu folgen.

Es bereitet mir ganz besondere Freude, dass der Samen dieser Botschaft auch über mein Buch „Vom Beruf zur Berufung“ wirklich aufgegangen ist. Berufungs-Findung und Berufungs-Coaching haben in unserer Gesellschaft heute einen beachtenswerten Platz eingenommen. Das Thema gehört immer mehr zum Zeitgeist, und niemand ist mehr ein „esoterischer Spinner“, wenn er einen anderen nach seiner Berufung fragt oder darauf besteht, nur noch seine Berufung zu leben. Im Gegenteil: Seine Berufung zu leben und auch von seiner Berufung finanziell leben zu können, ist schon eine ganz besondere spirituelle Auszeichnung und Gnade geworden.

Das Buch von Heike Engel-Wollenberg geht jetzt noch einen Schritt weiter: Nun wird Berufung sogar zu einem Begriff des Positionierungs-Marketings! Sie gibt Hinweise und Anleitungen, wie man sich mit seiner Berufung sinnvoll auf dem Markt positioniert und dadurch eine ganz besondere, vielleicht sogar charismatische Ausstrahlung erreicht. Wir brauchen solche Leuchttürme von Berufenen im Wandel unseres Wirtschaftslebens zur Orientierung an höheren Werten.

Wenn man den Weg seiner Berufung wählt, wird der Weg dadurch nicht unbedingt geradlinig und frei von Stolpersteinen. Das ist keinesfalls garantiert, und es wäre blauäugig, dies zu erwarten. Der Weg bedarf oft vor allem am Anfang einer größeren Disziplin, um dann in die Meisterschaft der Leichtigkeit zu kommen. Die Autorin zeigt, wie sie Fehler oder Unstimmigkeiten auf ihrem Weg wahrnimmt und korrigiert, sodass der Weg selbst zu immer größerer Stimmigkeit im eigenen Leben führt. Und das gilt in jeder Beziehung und allen Lebensbereichen. Berufung heißt schlussendlich auch, sich für seine einzigartige Kreativität fürstlich bezahlen zu lassen.

Berufung fragt nicht vor allem nach Techniken (WIE mache ich etwas am besten?), sondern fragt nach dem Sinn (WARUM mache ich das überhaupt?). Und je mehr solche Sinnfragen in der Wirtschaft gestellt werden, umso mehr stellt sich auch der Sinn unserer Art des Wirtschaftens selbst infrage. So wird aus der Frage, „Was ist der Sinn meines Lebens?", schnell auch die Frage: „Was ist der Sinn meines Tuns im Wirtschaftsleben?", bis hin zur Frage: „Was ist der Sinn unseres globalen Wirtschaftens überhaupt?"

Ich bin sicher, dass Menschen im Bewusstsein ihrer Berufung genau die Hefe im Sauerteig sind, die unser Wirtschaften zum Wohle aller transformieren werden.

In diesem Sinne wünsche ich dem Buch viel Erfolg und der Autorin einen segensreichen Weg!

Kurt Tepperwein

Inhalt

1 Einführung

1.1 Was bringt es Dir, dieses Buch zu lesen?

Dieses Buch richtet sich an Menschen, die Schwierigkeiten haben, in der Praxis der beruflichen Positionierung eine geeignete Nische zu finden, weil sie ihre Tätigkeit nicht von einer Internet-Marktanalyse abhängig machen wollen. So möchte ich mit diesem Buch Menschen wie Dich erreichen, die genau wissen, was sie machen wollen, weil sie ihre Berufung gefunden haben, jedoch nicht genau wissen, wie das umzusetzen ist. Ebenso wendet sich dieses Buch an Menschen wie Dich etwa, die noch nie über die Möglichkeit nachgedacht haben, dass man die Positionierung auch von der Seite aus betrachten kann, die eigene Berufung als Fundament dieser zu sehen; und an Menschen wie Dich, deren Selbstständigkeit schon eine Weile besteht, deren Herz an genau dieser Tätigkeit hängt. Dein Kleinstunternehmen befindet sich vielleicht in der Krise oder steuert direkt darauf zu, Du verdienst schlichtweg nicht genug damit? Und auch Menschen wie Dich möchte ich ansprechen, Menschen, denen in ihrer Berufstätigkeit etwas fehlt, die nach einem Sinn im Leben suchen – ihre Berufung finden und leben wollen.

Nun habe ich Dich bereits mehrfach geduzt. Ich habe diese persönliche Anrede gewählt, weil mir wichtig ist, dass wir in eine Art Unterhaltung kommen können, in der ich Dich ein Stück bei Deinen Lösungen begleiten kann und darf. Aus eigener Erfahrung weiß ich, dass der Weg nicht einfach ist, dass man sich oft einsam unverstanden und allein fühlen kann. Deshalb möchte ich wie eine Freundin oder Mentorin an Deiner Seite sein.

Die genauen Zuordnungen für die männlichen und weiblichen Anreden lasse ich weg. Diese schreiben sich wirklich so umständlich. Ich bitte Dich, Dich angesprochen zu fühlen. Ich möchte Deine Seele erreichen, und diese ist für mich androgyn.

1.2 Gesamtüberblick und Dein möglicher Umgang mit dem Buchinhalt

Dieses Buch behandelt zwei recht unterschiedliche Themenbereiche: Zum einen den der Positionierung und zum anderen den der Berufung. Im ersten Moment scheint es so, dass diese beiden Themen nicht zusammenpassen. Und doch ist die richtige Positionierung Deiner Berufung absolut wichtig für Deinen Erfolg. Aus eigener Erfahrung habe ich Wege gesucht und gefunden, wie es gelingt, die beiden Themen miteinander zu verbinden, um zu einer guten Lösung zu kommen.

Im Kapitel 1.3 möchte ich Dir meine persönliche Weltanschauung mitteilen, damit Du für Dich entscheiden kannst, ob Du Dich mit meinen Werten und Vorstellungen identifizieren kannst oder zumindest eine Offenheit dafür entwickeln willst. Ich halte es Dir gegenüber für unfair, wenn Du erst feststellst, dass Dir meine spirituellen Sichtweisen nicht zusagen, nachdem Du bereits viel Zeit für die Lektüre und Bearbeitung aufgewandt hast.

Ein Aspekt, der mich bewogen hat, meine Geschichte und die daraus resultierenden Erkenntnisse für Dich aufzuschreiben, ist der, dass ich überzeugt davon bin, dass wir immer das richtige Buch zur richtigen Zeit finden, um den nächsten Schritt weitergehen zu können. Mir jedenfalls geht es so. Wenn ich mich mit einer Frage, einem Problem beschäftige, so finde ich die Antworten in einem Buch, Hörbuch, auf einer DVD oder in einem Internetvideo, das mir wie „zufällig" in die Hände fällt.

Im zweiten Kapitel möchte ich mit Dir klären, was für Dich Erfolg bedeutet und welchen Gesetzmäßigkeiten dieser folgt. Ich unterstelle nämlich, dass auch Du erfolgreich sein möchtest.

In den Kapiteln über die Berufung und Positionierung (Kapitel 3 und 4) erkläre ich mein Verständnis der Begrifflichkeiten und mache Vorschläge für die Bearbeitung. Du findest in fast jedem Kapitel sehr viele Fragen, deren Beantwortung Dir helfen soll, Deine Sichtweisen zu erweitern. Es mag Dir so vorkommen, als ob die Anordnung der Fragen keine Struktur besitzt. Manche sind ähnlich, und so scheint es, dass sich einiges wiederholt. Die Fragen haben eine psychologische Anordnung, was für die Logik des Verstandes nur schwer verständlich ist. Mir ist durchaus bewusst, dass es viel Arbeit bedeutet, nicht nur die Fragen zu beantworten, sondern diese

Antworten wiederum in eigenen schriftlichen Zusammenfassungen festzuhalten, um diese dann immer wieder zu überarbeiten und zu ergänzen. Viele meiner Klienten sagen: „Das ist aber nicht einfach.“ Stimmt, das ist es nicht – aber: Beim schriftlichen Arbeiten ist Deine Konzentration fokussierter. Du wirst feststellen, dass Dir wesentlich mehr zu einer Frage oder einem Thema einfällt, wenn Du Deine Gedanken schriftlich festhältst.

Es ist also nicht ausreichend, die Fragen lediglich zu lesen. Goethe meinte: „Erfolg hat drei Buchstaben: TUN.“ Nur wenn Du die in diesem Buch von mir vorgeschlagenen Übungen für Dich selbst machst und die Fragen für Dich beantwortest, kannst Du Deine Lösungen finden. Wenn Du dabei Schwierigkeiten hast, kannst Du Dich jederzeit an mich wenden, ich unterstütze Dich gerne.

Auch möchte ich Dich ermuntern eine lösungsorientierte Perspektive einzunehmen. Natürlich kannst Du Dich fragen: „Warum habe gerade ich dieses Problem?“ Die gleiche Zeit könntest Du nutzen für die Antwort auf die Frage: „Wie löse ich das Problem?“ Schon Nils Bohr und Werner Heisenberg haben erklärt: „Auf was wir uns konzentrieren, das setzt sich um.“

Du solltest am besten wieder handschriftlich beantworten, denn ich habe gelernt, dass unser Unterbewusstsein uns dann mehr hilft, und das wiederum macht es einfacher und leichter. Die Zusammenfassungen könntest Du anschließend am Computer schreiben. Das hat den Vorteil, dass Du den Text immer wieder bearbeiten, erweitern und ändern kannst. Ich speichere bei einer solchen Ausarbeitung jeden Text mit Datum neu ab, damit ich beim späteren Vergleich der Texte meine Fortschritte besser erkennen und nachvollziehen kann.

Kapitel 7 über Deine Persönlichkeit hat insofern mit Deiner Berufung und Positionierung zu tun, als dass es meiner Meinung nach ganz wichtig ist, eine starke Persönlichkeit und Charisma zu entwickeln, um diese großen Themen umsetzen zu können. Selbstbewusstsein, Selbstwert, Selbstsicherheit, ein positives Selbstbild und ein gutes Selbstkonzept sind für mich Grundvoraussetzungen dafür.

In diesem Kapitel stelle ich die neuen Erkenntnisse von Dr. Hans-Georg Häusel vor. Seine Arbeit geht weit über das hinaus, was ich bisher in meinem Studium der Psychologie gelernt habe. Diese Anschauungen sollen Dir dazu verhelfen, Deine eigenen Meinungen über Deine Persönlichkeit und die Deiner Traumkunden zu erweitern und zu ergänzen.

Typische Hindernisse – und wie Du sie überwinden kannst – sowie Erfolgskatalysatoren, die Dich unterstützen sollen, runden das Bild ab. Bei den Ergänzungen zum Thema Erfolg findest Du die Erfolgsgesetze, die ich in Kurzform wiedergegeben habe. Die Langfassungen finden sich in sehr vielen Büchern – einige für mich sehr gute sind in der Literaturliste am Ende des Buches aufgeführt. Dann folgen die Tipps für die Umsetzung der von Dir gefundenen Berufungs-Positionierung in Dein Business.

Das letzte Kapitel erzählt meine persönliche Geschichte. In vielen Kapiteln findest Du jedoch auch immer wieder Beispiele von mir und meinen Klienten für ein anschaulicheres Verständnis. Ich habe viele Fehler gemacht, die ich ehrlich beschreibe. Ich erkläre Dir meine Lösungsansätze, denn ich bin überzeugt davon, dass Du, wenn Du Dich in der Neuausrichtung Deiner beruflichen Tätigkeit oder in einer Krise Deiner schon bestehenden beruflichen Laufbahn befindest, auf die gleichen Probleme stoßen könntest wie ich. Ich würde mich freuen, wenn ich Dich mithilfe dieses Buches unterstützen kann, diese Fehler zu vermeiden.

1.3 Meine Weltanschauung

„Die moderne Physik schreitet also auf denselben geistigen Wegen voran, auf denen schon die Pythagoreer und Plato gewandelt sind, und es sieht so aus, als werde am Ende dieses Weges eine sehr einfache Formulierung der Naturgesetze stehen, so einfach, wie auch Plato sie sich erhofft hat."
(Werner Heisenberg)

Ich halte das Leben selbst für einen Spielabschnitt des ewigen Seins-Spiels. Alles ist ewig, was jemals war, ist und noch sein wird. Nach jedem irdischen Leben kehren wir wieder zurück in dieses Zentrum, dann gehen wir in eine neue Runde, in eine neue Inkarnation.

Ich glaube, wir treffen die Entscheidung, genau in dieses Leben zu kommen. Wir haben einen Plan dafür, was wir in dieser Inkarnation lernen wollen. Es ist wie ein Spiel, das wir miteinander spielen. Um die Spannung in diesem Spiel zu erhöhen, vergessen wir unseren Plan.

Für mich wird damit das Leben zum Lern-Spiel, denn es ist unsere Aufgabe, diese Informationen wiederzufinden. Da im Universum alles auf Evolution ausgerichtet ist, erscheint es logisch, dass dies auch unsere Aufgabe ist: Entwicklung, die zur Entfaltung führt, damit Erfüllung möglich wird. Diese Erfüllung gilt es, in Form der Evolution auf allen Ebenen wie Gesundheit, Partnerschaft, Liebe und Sozialkompetenz, Beruf, Spiritualität zu erlangen.

Ich bin davon überzeugt, dass wir Geistwesen sind, in denen materielle Körper wohnen. Durch den Körper erfahren wir Erdung. Unser Sein geht weit über den Körper hinaus. Die Materie ist im Zentrum wie ein Zellkern. Je mehr es mir gelingt, das Geistwesen zu leben, je mehr kann ich die Einheit erleben. Je mehr ich in der Materie des Körpers lebe, je mehr Trennung empfinde ich.

Die Welt ist unser Spielfeld, alle Menschen sind die Mitspieler. Durch Projektion und Übertragung haben wir die Möglichkeit, zu lernen und weiterzuwachsen. Alle Menschen sind unser Spiegel. Ich kann mich in allem erkennen. Wenn ich spreche, dann spreche ich immer auch zu mir, was ich über andere sage, bin ich. Die äußeren Lebensumstände zeigen mein Innenleben, meine Persönlichkeit. Jeder Mensch lebt in seinem eigenen Universum, in dessen Mittelpunkt er steht. Es ist die Mischung der eigenen Gedanken, die eigene Chemie, die die Wahrnehmung, die Bewertung des Erlebten und damit die Reaktion darauf bestimmt.

Ich habe gelernt, dass wir von Tausenden wahrnehmbarer Faktoren in jedem Moment nur 7 +/- 2 Informationen bewusst wahrnehmen können. Das Unterbewusstsein kann bis zu 10.000 Informationen in der Nanosekunde aufnehmen. Damit dürfte klar werden, wie verzerrt die „Wirklichkeit", die wir bewusst für die Realität halten, letztendlich ist. Für mich ist die Welt jedes einzelnen Menschen das, was er oder sie über die Welt denkt. Jeder Mensch lebt in seiner ganz individuell eigenen einzigartigen Welt.

Laut Albert Einstein ist alles Schwingung, alles ist damit immer in Bewegung, es gibt keinen Stillstand. Jede Schwingung ist eine Ursache und gleichzeitig die Wirkung einer vorangegangenen Ursache. Alle Gedanken, jede Emotion, jede Handlung ist Schwingung unterschiedlicher Frequenz. Und jede Frequenz setzt eine Wirkung frei entsprechend des Inhaltes und der Kraft der Ursache. Der Beginn liegt, wie der Quantenphysiker Werner Heisenberg festgestellt hat, bereits bei unserer Wahrnehmung, durch die bereits Kreation geschieht, unsere Absicht und unsere Bewertung gibt der Kreation die Richtung vor. Nichts schwingt nicht, und nichts schwingt nur in einer Frequenz. Alles beeinflusst und wird beeinflusst. Nichts kann nicht beeinflussen.

Ich bin überzeugt davon, dass unsere persönliche Schwingung bewirkt, dass wir Menschen und Umstände in unser Leben ziehen, gemäß dem Gesetz der Resonanz. Verändert sich unsere Schwingung, weil wir dafür sorgen, verändert sich entsprechend auch unsere Resonanz. Da sich die Energie immer in alle Richtungen ausbreitet, aktivieren wir dadurch auch in uns Kräfte und Fähigkeiten, die uns vormals vielleicht nicht einmal bewusst waren. Wir können aufgrund dieser Gesetzmäßigkeit behaupten: So wie wir unsere Gedanken ändern, ändert sich unser Leben.

Diese Grundlagen hat uns Hermes Trismegistos schon vor über 2.300 Jahren vorgegeben mit den Sätzen:

wie oben so unten
wie innen so außen
wie im Kleinsten so im Größten

Ich bin sicher: Der Mensch als Mikrokosmos ist ein genaues Abbild des Makrokosmos. Diese Sätze gelten logischerweise auch für die geistigen feinstofflichen Ebenen.

Die Spielregeln im Lebensspiel finden sich in den Gesetzmäßigkeiten des Kosmos. Die wichtigsten sind für mich die Gesetze der Verantwortlichkeit, der Polarität, der Resonanz, der Kausalität und des Glaubens (dazu später mehr in Kapitel 6).

Jeder Mensch ist für sich und sein Leben selbst verantwortlich. Ich glaube, es ist nichts in sich ein Problem, dies ist nur gegeben durch unsere persönliche Bewertung der Situation, durch unsere persönliche Sichtweise. Das Wort Problem hat die Vorsilbe Pro = für, wäre es wirklich gegen uns gerichtet, müsste es doch Contrablem heißen. Immer dann, wenn wir behaupten, ein Problem zu haben, akzeptieren wir die Wirklichkeit nicht so, wie sie ist, sondern hätten es gerne anders.

Aus meiner Ablehnung der Wirklichkeit heraus, bestelle ich mir damit präzise das Gegenteil und mache dadurch mein Problem größer und schlimmer. Jedes Problem ist ein Hinweis darauf, dass ich mich gegen die

Realität auflehne und es gerne anders hätte, als es ist. Wenn mir das klar wird, kann ich mich für den Hinweis beim Leben bedanken und meine Aufmerksamkeit auf die Problemlösung richten. An der Umsetzung dieser Erkenntnis werden die meisten Menschen ihr ganzes Leben arbeiten müssen.

Alles, was in unserem Leben geschieht, haben wir selbst kreiert, wir sind Schöpfer unseres Lebens durch unsere Gedanken, gepaart mit unseren Überzeugungen.

Um möglichst erfolgreich im Leben zu sein, sollten wir uns darum kümmern, was unsere Lebensaufgabe und unsere Berufung sind, damit wir diese im Leben und im Beruf umsetzen können. Auch erscheint es mir zwingend notwendig, dass wir unseren individuellen Lebenssinn erkennen und danach streben, ihn umzusetzen. Dadurch sind wir in der Lage, unseren Lebenssinn zu fühlen. Wir leben in dem tiefen Wissen, dass es einen Grund gibt, warum wir hier auf der Welt sind. Es ist äußerst befriedigend für die Seele, wenn wir fühlen können, dass wir in eine bestimmte Richtung gehen, um unserem Lebenssinn Ausdruck zu geben. Ich glaube, dass es unglücklich macht, sich nicht damit auseinanderzusetzen und damit in Sinn- und Ziellosigkeit zu verharren.

Die Welt besteht nur zu 2 Prozent aus Materie, die restlichen 98 Prozent sind leerer Raum (Beispiel jede Körperzelle). Die meisten Menschen würden allerdings behaupten, dass es andersherum ist. Wir leben alle eine große Illusion.

Ich bin sicher, die energetischen Gesetze der Polarität, Resonanz und Kausalität und des Glaubens setzen sich immer um im Leben, ob wir sie kennen und daran glauben oder nicht. Wie das Bell'sche Theorem und die Experimente des Franzosen Alain Aspect beweisen, ist alles mit allem verbunden. Wir sind nicht das losgelöste Wesen, für das wir uns rein verstandesorientiert halten wollen.

Ich glaube, das Leben will immer nur das Beste für uns, es will uns immer nur im Wachstum unterstützen. So schenkt es uns Erkenntnisse, die wir nicht immer gleich als solche identifizieren und umsetzen können.

Immer dann, wenn ich etwas ganz besonders schwierig finde, erinnere ich mich daran, dass wir vom Universum niemals Aufgaben bekommen, die wir nicht lösen können. Das Leben liebt uns und wird immer für uns sorgen. Wenn es uns gelingt, das Leben auch zu lieben, wird es einfacher.

Daraus ergibt sich für mich, dass wir im Prinzip immer nur gewinnen können. Dies allerdings in der eigentlichen Situation erkennen zu können, ist eine Weisheit, die es zu lernen gilt. Es heißt oft, es sei ganz einfach, bedingungslos JA zum Leben zu sagen, so wie es ist. Das fällt mir schwer, überhaupt, wenn ich es gerade gerne ganz anders hätte. Es macht jedoch deutlich, dass wir uns in solchen Situationen selbst die Probleme machen. Wenn es im Hochsommer kalt ist und regnet, dann finden wir das vielleicht blöd und ärgern uns darüber. Der Regen ist davon recht unbeeindruckt, hat mit uns im Gegenzug kein Problem. Wenn wir jetzt bei unserer negativen Einstellung bleiben und sie weiter entwickeln, sie größer werden lassen durch weitere Gedanken in diese Richtung, dann kann es passieren, dass wir uns bis zu einer Depression steigern.

Ich halte es für unsere Aufgabe, unser Bewusstsein zu erweitern, denn wir leben die allermeiste Zeit unseres Lebens nur gesteuert durch unser Unterbewusstsein. Und dann wundern wir uns, über die Kreation – die doch bewusst gar nicht so bestellt war.

Ich hoffe, Dir ist durch meine Ausführungen klar geworden, wie und was ich denke. Diese Erläuterungen dienen dazu, damit Du meine weiteren Ausführungen besser einordnen kannst. Viel wichtiger als das, was ich denke, ist jedoch das, was Du denkst und glaubst, denn es geht ja um Dich, Deine Berufung und Deine Positionierung.

2 Was ist Erfolg für Dich?

„Achte auf Deine Gedanken, sie werden zu Worten.
Achte auf Deine Worte, sie werden zu Taten.
Achte auf Deine Taten, sie werden zu Gewohnheiten.
Achte auf Deine Gewohnheiten, sie bilden Deinen Charakter.
Achte auf Deinen Charakter, er wird Dein Schicksal."
(Chinesisches Sprichwort)

Da ich unterstelle, dass auch Du erfolgreich sein willst, mit dem was Du tust, steht das Erfolgsthema zu Beginn. Es ist für mich so groß, dass es ein eigenes Buch füllen würde. Zum Thema Erfolg gibt es bereits viele gute Bücher, zu meinen Lieblingsbüchern zählen z. B.:

- „Der Weg zum Erfolg ist der Weg zu Dir selbst" von Kurt Tepperwein
- „Die geistigen Gesetze" von Kurt Tepperwein
- „Erfolg kommt von innen" von Chuck Spezzano
- „Die Gesetze der Gewinner" von Bodo Schäfer
- „Attitüde" von Ilja Grzeskowitz

Meiner Meinung nach muss jeder Mensch für sich ganz allein herausfinden, was Erfolg für ihn konkret bedeutet. Denn wenn Du nicht weißt, wie genau Dein Erfolg aussehen soll, kannst Du ihn auch nicht erreichen.

Lass Dir niemals von anderen Menschen vorschreiben, was genau Erfolg für Dich und Dein Leben bedeutet. Die Meinung dieser Menschen ist richtig, für sie selbst, was nicht impliziert, dass es auch für Dich so sein muss.

Nehmen wir etwa das Thema Geld und Finanzen, weil es gut zu unserer Unterhaltung passt. Ich höre hierzu immer wieder die Behauptung, dass es überaus wichtig ist, finanziell absolut frei zu sein. Bis zu diesem Moment bin ich noch dabei, das ist ein schönes Gefühl. Dann kommt allerdings die Erklärung, dass finanzielle Freiheit nur gegeben ist, wenn wir von den Zinsen unserer Ersparnisse gut leben können. Nach diesem Modell ist ein Hauskauf erst dann möglich, wenn wir bereits die erste Million Euro auf dem Konto haben. Das mag für manchen Menschen richtig und erstrebenswert sein, für mich ist es das nicht.

Mir ist es wichtig, die Meinungen anderen Menschen zu hören, um meinen persönlichen Standpunkt festzulegen oder zu festigen. Die Meinungen anderer dienen mir als Denkanstöße. Deshalb möchte ich Dir meine Definition von Erfolg mitteilen, vielleicht geben Dir meine Überlegungen weitere Impulse.

Erfolg zu haben, bedeutet für mich überfließende Fülle und Erfüllung in allen unterschiedlichen Bereichen meines Lebens, wobei ich das Wort Fülle immer und ständig selbst definiere und nicht von den Sichtweisen anderer Menschen abhängig mache.

Die Frage bleibt: Was ist Erfolg für Dich?

2.1 Erfolg ist eine Folge von ...

Für mich ist Erfolg eine Folge unseres Denkens, Fühlens, Sprechens, Handelns. Absolut alles, was in unserem Leben geschieht, ist eine Folge von ... Wenn Du das Resultat Deiner Gedanken nicht als positiven Erfolg bewertest, dann kannst Du nachdenken = denken, nachdem Du gedacht hast, also nochmals neu denken. Das kannst Du so oft tun, bis das Ergebnis Deiner Gedanken für Dich einen positiven Erfolg darstellt. Denn es ist sicher, dass Du durch andere Gedanken andere Resultate erzielen wirst. Alles, was Du denkst, fühlst, sprichst und tust, bringt Dich Deinen Zielen näher, oder entfernt Dich davon.

Und selbstverständlich ist es wesentlich, was Dein Umfeld denkt, fühlt, spricht und welche Handlungen von dort kommen. Wir dürfen nicht unterschätzen, wie stark das energetische Feld der Menschen, die uns umgeben, auf uns wirkt. Um negative Wirkungen abzumildern, suche Dir gezielt Menschen, die grundsätzlich positiv über Dich, Deine Ziele und Erfolge denken und deren ehrliche Kritik konstruktiv ist und Dich unterstützt.

Finde Antworten darauf, was Erfolg für Dich bedeutet

- ? Was ist Erfolg für Dich?
- ? Wie oft und wie lange arbeitest Du an Deinem Erfolg?
- ? Wie viel Zeit am Tag verwendest Du, um Deine Zielsetzung zu erreichen?
- ? Wie viele Dinge tust Du, die Dich von Deinen Erfolgen entfernen?
- ? Sind Deine Ziele immer aktuell – wie oft überprüfst Du diese wirklich?
- ? Was denkst Du über Dich und Deine Erfolge?
- ? Bist Du eine Erfolgspersönlichkeit?
- ? Hast Du den Erfolg verdient – darfst Du ihn haben?
- ? Was denken die Menschen in Deinem nächsten Umfeld über Deinen Erfolg?
- ? Mit wem solltest Du über Deine Pläne sprechen – wo bekommst Du Unterstützung?
- ? Mit wem solltest Du nicht sprechen, wer wertet Dich und Deinen Erfolg ab?
- ? Wo kannst Du Menschen finden, die Dich unterstützen?

2.2 Duale Betrachtungsweise – was willst Du nicht?

„Wenn eine Idee am Anfang nicht absurd klingt,
dann gibt es keine Hoffnung für sie."
(Albert Einstein)

Wir leben in einer dualen Welt. Es wird immer die Möglichkeiten, ja – nein, entweder – oder, tun – lassen, geben. Wie ich schon ausgeführt habe, ist es überaus wichtig zu wissen, was Du genau willst. Ebenso wichtig erscheint mir die Frage: Was genau willst Du nicht?

Bezüglich guter Verhandlungen habe ich mal gelernt:

1. Lege genau fest, was Du willst.
2. Lege genau fest, was Du nicht willst.
3. Definiere genau die Kompromissgrenze.

Hast Du diese Punkte für Dich bearbeitet, dann kann es anderen Menschen nicht mehr einfach gelingen, Dich von Deinen Vorhaben abzubringen. Wie Du in späteren Kapiteln noch sehen wirst, ist es wichtig, dass Du bei Dir und Deiner Meinung bleiben kannst. Du wirkst authentisch und kongruent, wenn Du genau weißt, was Du willst, und dies somit dann auch ausstrahlen und kommunizieren kannst.

Bei allen Fragen, die Du für Dich beantwortest, finde immer Deine persönliche Grenze und Deine Kompromissgrenze. Zu Beginn mag Dir dies seltsam und unnütz erscheinen. Wenn Du das allerdings immer wieder tust, wirst Du feststellen, dass es automatisch geschieht. Alles, was wir über einen längeren Zeitraum hinweg tun, wird zur Gewohnheit – geschieht dann ganz natürlich.

Um kongruent und authentisch zu sein:

Wisse immer, was Du willst.

Wisse immer, was Du nicht willst.

Wisse immer, wo Deine Kompromissgrenze liegt.

2.3 Der Preis für die Lösung

„So wie ich findest auch Du im Internet immer einen Händler, bei dem Du bestellen kannst, was Du willst. Du kannst Dir alle Wünsche erfüllen – es wird Dir sofort geschickt – und zu jedem Paket gehört eine Rechnung."

Jeder Erfolg, jede Zielerreichung hat immer einen Preis. Es ist günstig, wenn Du Dir vor der Umsetzung Deiner Ziele Klarheit darüber verschaffst, ob Du bereit bis, den Preis für die Lösung zu zahlen. An dieser Stelle stöhnen einige meiner Kunden: „Was denn noch alles – wozu das?"

Wie wichtig das ist, möchte ich am Beispiel eines Klienten erklären: Jörg hat als Angestellter in einer größeren IT-Firma gearbeitet. Er fand für sich heraus, dass er seine Berufung bereits in seiner Tätigkeit umsetzen konnte, er jedoch mehr Freiraum brauchte, da er sich durch die Vorgaben seines Vorgesetzten eingeengt fühlte. Sein Ziel war es, einen Job auf der Ebene seines Chefs zu bekommen. Nach drei Monaten zog er in sein neues Büro. Die gesamte Coaching-Gruppe freute sich für ihn. Einzig sein Lächeln sah aus wie eingefroren. Er erzählte uns dann, dass er die Stundenbelastung unterschätzt hätte. Ebenso hätte er für sich nicht umgesetzt, dass er als Vorgesetzter die Führung nicht nur für sich, sondern auch für andere Mitarbeiter übernehmen musste, was ihm gar nicht lag. Er entschied sich dann, sich selbstständig zu machen und als Solopreneur mit nur einer Aushilfe für die kaufmännischen Arbeiten tätig zu sein. Jörg musste die Rahmenbedingungen anpassen, um seine Berufung so zu leben, wie es für ihn stimmig war und ist. Der Preis für die Lösung war hier der Wegfall einer konstanten monatlichen Gehaltszahlung.

Über das Beispiel hinaus ist es zudem wichtig, darüber nachzudenken, was „die anderen" dazu sagen werden.

Wenn Du beispielsweise bisher als Angestellter gearbeitet hast, Dich in und mit Deiner Berufung selbstständig machen willst, dann ist es notwendig, dass Du Dich fragst, wie Dein Umfeld darauf reagieren wird. Sei sicher, bei allen größeren Veränderungen gibt es immer wieder Neider. Es werden immer wieder Menschen nicht damit einverstanden sein, dass Du Dich und Dein Leben veränderst.

Verstehe mich bitte nicht falsch, ich wollte Dich durch diese Aussagen nicht von Deinen Zielen abbringen. Ich wollte Dich nur für dieses Thema sensibilisieren und Dich darauf hinweisen, vorab zu überlegen, welcher Wind Dir entgegenschlagen könnte, damit Du souverän und gefestigt durch diese Zeiten gehen kannst.

Es gibt selbst Autoren, die Deinen Erfolg daran festmachen, wie viele Menschen Dir mit Kritik und Neid begegnen. Ich weiß nicht mehr genau, wo ich gelesen habe: „Wenn der Postbote Dich nicht mehr grüßt, die Nachbarn nicht mehr mit Dir sprechen, Deine engsten Freunde plötzlich nichts mehr mit Dir zu tun haben wollen, genau dann, bist Du auf den richtigen Weg zum Erfolg." Und es gibt die Menschen, für die es einfach nur genial ist, erfolgreich zu sein und den Erfolg zu genießen. Wie das für Dich aussieht, kannst nur Du selbst beurteilen und herausfinden.

Mein persönliches Lieblingsthema ERFOLG hat noch weitere Aspekte. Über die Erfolgsgesetze und den ganzheitlichen Erfolgsansatz werde ich Dir später berichten. Jetzt wollen wir endlich zu den Themen kommen, die der Buchtitel verspricht.

Vorausschau

WAS will ich tun?	Berufung – ein innerer Prozess
WIE will ich das umsetzen?	Positionierung – der Prozess im Außen
WARUM?	Lebensplan, Lebensaufgabe, Mission etc. erfüllen

Die Umsetzung führt zu einem sinnerfüllten authentischen Leben.

3 Berufung

3.1 Was bedeutet Berufung?

„Der Sinn des Lebens besteht nicht darin,
ein erfolgreicher Mensch zu sein,
sondern ein wertvoller."
(Albert Einstein)

Im allgemeinen Sprachgebrauch kennen wir für das Wort Berufung mehrere Bedeutungen. In der Justiz steht Berufung dafür, in die nächsthöhere Instanz zu gehen. Hohe Würdenträger wie der Bundespräsident werden in ihr Amt berufen.

Berufung hat im ersten Schritt für mich nicht direkt etwas mit Beruf in Form von Erwerbstätigkeit oder Karriere zu tun. Dies möchte ich anhand des Beispiels von Dorothea deutlich machen: Sie fühlt sich als Mutter berufen, hat inzwischen acht Kinder, ist gerade wieder schwanger und geht voll in ihrer Berufung als Mutter auf. Dorothea sagt über sich: „Es ist meine persönliche Lebensaufgabe, Mutter zu sein."

Berufung hat für mich etwas mit unserem Lebenssinn zu tun. Deine Berufung betrifft Dein gesamtes Leben, erst nachgeordnet geht es um die Umsetzung in Deinem Business. Jeder Mensch hat eine ganz besondere Lebensaufgabe, manche nennen das auch Mission. Unserer Seele ist diese Lebensaufgabe bekannt, und sie kann uns durch unsere innere Stimme rufen.

Ich bin überzeugt, dass es unserer Seele wichtig ist, einen gewissen Beitrag auf der Erde zu leisten, und die Seele weiß, welcher das ist. Ich möchte Dich unterstützen, genau das für Dich herauszufinden. Wenn Du dieses Wissen für Dich erschlossen hast, kannst Du es zu Deinem Beruf machen, doch dazu kommen wir erst später.

3.2 Welche Aussicht hat es für Dich, Deine Berufung zu leben?

„Wo Deine Talente und die Bedürfnisse der Welt sich kreuzen, dort liegt Deine Berufung."
(Aristoteles)

Stellen wir uns doch einmal vor, jeder Mensch würde eine berufliche Tätigkeit ausüben, die ihm so viel Spaß macht, dass er traurig wäre, wenn die tägliche Arbeitszeit vorbei ist. Stellen wir uns weiter vor, dass dieser Beruf den Menschen mit so viel Energie versorgt, dass er völlig energiegeladen durchs Leben gehen könnte. Dieser Beruf wäre reine Lebensfreude, der Mensch könnte sich selbst verwirklichen, wachsen, sich entwickeln, entfalten und erfüllen. Und stellen wir uns außerdem vor, dass der glückliche Mensch hierfür auch noch eine königliche Vergütung erhalten würde.

Glaubst Du mir, dass dieser Mensch sich keinerlei Gedanken um den Wochentag macht, dass dieser Mensch nicht darüber nachdenkt, wann er wohl endlich mit dieser Berufstätigkeit aufhören kann, um endlich den Ruhestand zu genießen? Ich glaube, dass dieser Mensch nicht daran denkt, weil er jeden Tag seiner Berufstätigkeit, jeden Tag seines Lebens genießt. So und nicht anders fühlt es sich an, seine eigene Berufung zu leben. Ich kann das beurteilen, denn ich habe beide Seiten erlebt.

Ich möchte Dir die Geschichte von Leon erzählen: Er hat neben seinem Bruder in der elterlichen Spedition als Geschäftsführer gearbeitet. Wenn er zur Coaching-Gruppe kam, trug er eine Lederkombi, hatte den Sturzhelm unter dem Arm. Sein Hobby ist es, ein riesiges Motorrad zu fahren. Für Leon war schnell klar: Seine Berufung hat mit Motorrädern zu tun. Nach fünf Monaten der Findung und Erarbeitung seiner Berufungs-Positionierung hat er sich von seinem Bruder im Betrieb auszahlen lassen. Mit dem Geld hatte er nun die Möglichkeit, einen Motorradladen mit Zubehör und Werkstatt zu eröffnen. In jedem Telefonat, das wir seitdem führen, ist er immer noch erstaunt, dass er richtig viel Geld damit verdient. Er ist jeden Tag von Motorrädern und vor allem von motorradbegeisterten Menschen umgeben. Seine „Lieblingsunterhaltungen", die Fachsimpelei über sein Lieblingsthema, kann er jetzt jeden Tag führen. Sein Bruder, der zu Beginn überaus skeptisch war, ist inzwischen auch sehr glücklich. Er ist jetzt alleiniger Geschäftsführer der Spedition, kann sich und seine Ideen verwirklichen, ohne sich mit seinem Bruder abzusprechen. Vor kurzer Zeit rief mich Leon sehr aufgeregt an: Er besitzt jetzt eine Rennmaschine, die schon bei den ersten Motorradrennen eingesetzt wurde. Da sich sein Rennfahrer erfolgreich platzieren konnte, hat ihm das nochmals viele neue Kunden eingebracht. Leon hat sein Hobby zum Beruf gemacht und ist auf allen Ebenen erfolgreich damit.

3.3 Aspekte, die Dich bewegen können, über Deine berufliche Situation nachzudenken

„Sei Du selbst die Veränderung, die Du Dir wünschst für diese Welt."
(Mahatma Gandhi)

Die Gallup-Studie 2016, die seit dem Jahr 2001 jährlich erstellt wird, zeigt, dass 51 Prozent der befragten Menschen mit den Umständen in ihrem Beruf nicht zufrieden sind. Das bedeutet, jeder zweite Mensch ist unerfüllt, frustriert und hat vielleicht schon innerlich gekündigt. Diese Menschen schleppen sich Tag für Tag in ihren Job und tauschen kostbare Lebenszeit gegen Geld. Der Beruf kostet sie viel Energie, Lebensfreude und innere Zufriedenheit. Da die meisten Menschen immerhin ein Drittel eines jeden Wochentages on Job verbringen, ist das eine absolut traurige Bilanz.

Wenn die Freude an der Arbeit fehlt, geht es ausschließlich um Zeit gegen Geld. Es geht nicht darum, zu arbeiten, um zu leben, sondern zu leben, um zu arbeiten. Doch wenn für die Lebensfreude kein Platz ist, stellt sich automatisch Frust ein.

Dieser Frust macht sich nicht nur im Beruf bemerkbar, sondern zieht sich durch alle Lebensbereiche und infiltriert alles. Wenn der „schlechte Job" wenigstens gut bezahlt wird, glaubt der Mensch vielleicht, einen gewissen Ausgleich zu erhalten. Leider kann man Glück und Lebensfreude nicht kaufen, sie sind ein innerer Prozess, den man durchleben muss.

Wir haben jetzt also zwei Pole: Arbeit gegen Geld und Berufung mit Lebenssinn. Bei Arbeit gegen Geld wirst Du Dich bemühen, einen Beruf mit für Dich günstigen Arbeitszeiten, wenig Stress, wenig Arbeitsbelastung zu finden. Du strebst danach, mit möglichst wenig Aufwand befördert zu werden, ein hohes Urlaubskontingent zu bekommen und so viel Geld wie möglich zu verdienen. Dies alles, so könnte man annehmen, führt dazu, Anerkennung, Bewunderung und Liebe von anderen Menschen zu erhalten. Doch sie bewundern nicht Dich, sondern nur Deine Besitztümer. Es mag auch sein, dass Du der Meinung bist, Du könntest das alles nicht ändern, da Dir Dein Verstand signalisiert, dass Du an Deinem Arbeitsplatz festhalten musst, weil es um Deine Existenz geht, darum, Deine Familie ernähren zu müssen.

Vielleicht hast Du auch die Karriereleiter erklommen, hast aber dann, oben angekommen, festgestellt, dass die Leiter an der falschen Wand oder sogar am falschen Gebäude steht.

Viele meiner Klienten erklärten mir, dass sie mit der unechten Anerkennung und dem Geld, die in sich entstehende Leere nicht mehr füllen konnten. Ich gehe davon aus, dass dies u.a. auch Gründe sind, warum Depressionen, andere psychische Erkrankungen und Burnout-Syndrome allgemein so sprunghaft zugenommen haben.

Wenn Du jetzt damit beginnst, Deine Berufung zu finden und diese in Deiner Positionierung umzusetzen, begibst Du Dich in einen Prozess, der sich in den meisten Fällen nicht schnell verwirklichen lässt. Es ist viel Arbeit, die Zeit beansprucht. Mein eigener Prozess, den ich an späterer Stelle genauer beschreibe, hat ein Jahr gedauert.

Vorerst ist es somit sinnvoll, im Umfeld erst einmal alles so zu belassen, wie es ist. Das gibt Dir die Sicherheit, die Du brauchen wirst. Gefunden heißt nicht automatisch umgesetzt. Nach den Änderungen in Deinem Inneren, kannst Du zu den Änderungen im Außen übergehen. Mit der gewonnenen Selbstsicherheit wird Dir das leichtfallen.

Bevor eine Änderung möglich ist, ist es sinnvoll, vorerst Deine aktuelle IST-Situation zu klären.

3.4 Der IST-Zustand

„Die Initiierung einer Realität geschieht durch den Beobachter."
(J.M. Huber)

Der IST-Zustand ist Deine zum jetzigen Zeitpunkt bestehende Situation – das, was im Moment vorhanden ist oder eben fehlt. Gehörst Du zu den Menschen, die ihre Berufung oder einen Teil davon bereits gefunden haben, dann kannst Du dies in den folgenden Kapiteln nochmals prüfen und gegebenenfalls ergänzen.

Gehörst Du zu den Menschen, die jetzt damit beginnen, ihre Berufung zu suchen, wird Dir die Jetzt-Situation nicht unbedingt gefallen, und dieses Gefühl könnte sich durch die Beantwortung der weiteren Fragen verschärfen. Das kann der Grund sein, warum Du jetzt vielleicht inneren Widerstand fühlst. Vielleicht fragst Du Dich: „Wozu soll das jetzt wichtig sein? Ich will es doch ändern, es gefällt mir nicht." Dies gilt ebenso für Dich, wenn Du Deine Berufung bereits lebst, diese jedoch bisher suboptimal umgesetzt hast.

Bevor Du Änderungen in für Dich positive Richtungen vornehmen kannst, ist es notwendig, den IST-Zustand konkret zu benennen, ihn gefühlmäßig zuzulassen und dann wirklich anzunehmen. Anderenfalls kannst Du ihn nicht loslassen, sondern nur verdrängen. Die Akzeptanz des IST-Zustandes im Gefühl ist psychologisch die Voraussetzung, um sich davon zu verabschieden. Nur dann ist eine tiefgreifende Veränderung möglich. Akzeptanz setzt allerdings nicht voraus, dass es Dir gefällt, sondern nur, dass Du fühlen kannst, wie es jetzt ist.

Übung zur Feststellung der IST-Situation

ÜBUNG

Du findest nachfolgend eine Liste, auf der Du die Aussagen ankreuzen kannst, die auf Dich zutreffen. Wenn Du es nicht magst, in Dein eigenes Buch zu schreiben, und dies im Original belassen möchtest, kannst Du Dir diese und alle folgenden Übungslisten auf meiner Internetseite: www:engel-4success.de kostenlos herunterladen.

Kreuze in der folgenden Liste an, was auf Dich zutrifft:

- ☒ Ich bin mit meiner beruflichen Tätigkeit, so wie sie ist, nicht zufrieden.
- O Mir geht es so schlecht, dass ich gezwungen bin, mich neu zu orientieren.
- O Ich möchte meine berufliche Situation verändern, weiß allerdings nicht, wie ich beginnen soll.
- O Ich möchte meine berufliche Situation verändern, weiß allerdings nicht, womit ich beginnen soll.
- O Ich möchte etwas verändern, traue mich aber nicht.
- O Ich kann meine Motivation nicht aufrechthalten.
- ☒ Auf der beruflichen Ebene befinde ich mich in der Krise.
- O Ich möchte etwas anderes machen, weiß aber nicht was.
- O Ich habe keine Lust, meine Tätigkeit weiter auszuführen.
- O Die Probleme meiner Arbeitssituation wirken sich auf mein gesamtes Leben aus.
- ☒ Ich weiß nicht, wie ich mich mit meiner Arbeit selbst verwirklichen kann.
- O Ich möchte gerne beginnen, meine berufliche Situation zu verändern, doch mir raucht der Kopf. Die Recherche macht mich kirre.
- O Ich möchte einer für mich sinnvollen Tätigkeit nachgehen.
- O Ich nehme meine Arbeit nicht als solche wahr. Es macht nur Spaß.
- O Ich gehe in meiner beruflichen Tätigkeit voll auf.
- O Ich bin gelangweilt und kann mich oft kaum aufraffen, meine Arbeit zu erledigen.

⟶

- O Ich freue mich am Montag schon auf Freitag.
- O Ich bin nur dann glücklich, wenn ich frei habe.
- O Ich mache oft früher Feierabend.
- O Ich weiß genau, wie viele Jahre ich noch arbeiten muss, bevor ich in Rente gehen kann.
- O Ich habe keine Antwort auf die Frage: Wie geht es weiter?
- O Ich habe das Gefühl, mein Lebenszug fährt nicht auf dem richtigen Gleis.
- O Ich werde von meinen Herausforderungen erschlagen.
- O Ich arbeite so viel – ich stehe kurz vor dem Burnout.
- O Ich hatte einen Burnout und weiß nicht, wie es jetzt weitergehen soll.
- X Ich weiß absolut nicht, was ich falsch mache.
- O ....
- O ....
- O ....

(eigene Ergänzungen)

Nachdem Du diese 26 Aussagen für Dich ausgewertet und um Deine eigenen ergänzt hast, kannst Du Dir auf einem Zettel Deinen IST-Zustand notieren. Die von Dir angekreuzten Aussagen werden Dir helfen. So ist es jetzt.

Die nächsten Kapitel enthalten sehr viele Fragen und Übungen. Ich möchte Dich bitten, die Fragen handschriftlich zu beantworten (wegen der Fokussierung). Wenn Dir eine Frage nicht liegt, beantworte einfach die nächste.

Die Zusammenfassung Deiner Erkenntnisse kannst Du am Computer schreiben, damit Du sie immer wieder erweitern und ergänzen kannst. Dafür rufe einfach den bestehenden Text auf und speichere die Überarbeitung unter dem aktuellen Datum.

3.4 Wie findest Du Deine Berufung?

„Gehe nicht immer den vorgezeichneten Weg,
der nur dorthin führt, wo bereits andere gegangen sind."
(Alexander Graham Bell)

Berufung bedeutet:

- Lebenssinn
- Lebensaufgabe oder Mission
- Beiträge für die Welt leisten.

Ich bin der Meinung, dass der Lebenssinn, der am meisten unterschätzte Erfolgsfaktor ist. Wenn Du Deine Berufung lebst, führt dies zu innerer Erfüllung und damit unweigerlich auch zu äußerer Erfüllung, die sich als Erfolg zeigen wird.

Vielleicht gefällt Dir die folgende Wortspielerei: „In Berufung ist das Wort Ruf enthalten. Jemand ruft – und möchte sicher eine Antwort bekommen. Diese findet sich in Verantwortung." Ich bin sicher, Berufung hat etwas mit der Verantwortung zu tun, die wir haben, unsere Lebensaufgabe in unserem Leben umzusetzen.

Mir ist bewusst, dass das Thema Berufung sehr umfassend ist. Die Gesamtheit Deiner Erkenntnisse wirst Du nicht in zwei Arbeitsstunden herausfinden können. Es ist eine große Aufgabe. Es ist wie ein großes Puzzlebild. Du findest Teile und musst diese passend aneinanderfügen. Es ist völlig in Ordnung, wenn Du Dich Schritt für Schritt annäherst.

Die ersten beiden Fragen, die Dir helfen sollen, Deine Berufung zu finden sind:

- Wer bin ich?
- Wozu bin ich hier auf der Welt?

Wenn ich in meinen Einsteigerseminaren die Frage stelle: „Wer bist Du?", dann nennen die Teilnehmer als erste Antwort ihren Namen. Wenn den Teilnehmern klar wird, dass mir diese Antwort nicht ausreicht, erzählen sie mir, welchen Beruf sie ausüben, was sie haben (Besitz), was sie können (Leistung) und was sie wissen (Intellekt).

Ich bin sicher, dass jeder Mensch mehr ist als sein Name, sein Besitz, seine Leistung und all sein Wissen.

Die Frage bleibt für jeden von uns: Wer bin ich? Wenn ich sage: „Ich denke“, wird klar, dass es ein ICH gibt, was denkt oder den Impuls dazu gibt. Jeder ist ein geistiges Wesen, in dem ein materieller Körper wohnt. Kurt Tepperwein sagt dazu: „Wir alle sind Bewusstsein.“

Bitte teste es einmal für Dich. Nimm Dir einen Moment Zeit, setze Dich hin und mache ein paar tiefe Atemzüge. Und nun fühle nach, was geschieht, wenn Du laut sagst: „Ich denke.“ Ich habe bei dieser Übung kein Gefühl, was ich konkret benennen kann. Es gibt allerdings eine Emotion der Sicherheit, des Wissens, dass ein ICH existiert.

Ich bin überzeugt, dass viele Menschen ihre Lebensaufgabe intuitiv leben, da ihre Seele darum weiß, und sie immer wieder dazu anleitet, dieser Aufgabe gerecht zu werden. Viel intensiver und effizienter kannst Du Deine Mission leben, wenn Du Dir möglichst viel dieser Aufgabe bewusst machst.

Fragen zur Bewusstmachung der Lebensaufgabe

1 ? Was sind Deine Stärken?

2 ? Was im Leben tust Du mit Leidenschaft?

3 ? Welche einzigartigen Fähigkeiten oder Talente hast Du, die einen besonderen Beitrag darstellen würden?

4 ? Worum wirst Du von anderen Menschen häufig gebeten, weil Du es gut kannst?

5 ? Was im Leben tust Du leidenschaftlich gern?

6 ? Was übt auf Dich eine besondere Faszination aus?

7 ? Über was redest Du oft und gern?

8 ? Welche Dinge fallen Dir besonders leicht?

9 ? Was war Deine erste Berufswahl und warum?

10 ? Hast Du Deinen Beruf selbst gewählt – falls nicht, von wem wurdest Du beeinflusst und wie?

11 ? Was genau wäre Deine Wahl gewesen und warum?

- ? Hast Du das Gefühl, dass Du mehr Talente und Fähigkeiten hast, als von Dir in Deinem Beruf gefordert werden – wenn ja, welche sind das?
- ? Für was interessierst Du Dich ganz besonders?
- ? Gibt es etwas, das Du als Kind oft und gern gemacht hast?
- ? Was begeistert Dich besonders im Leben?
- ? Was ist das Beste, das Du zu geben hast?
- ? Welche Beiträge willst Du im Leben leisten?
- ? Was und wie ist Dein persönlicher Weg?
- ? Was ist Dein Potenzial, und wie kannst Du es zum Ausdruck bringen?
- ? Was ist Deine Wahrheit, und wie kannst Du sie leben?
- ? Wie kannst Du Deine Besonderheit leuchten lassen?
- ? Wie kannst Du Du selbst und damit authentisch sein?

ÜBUNG

Übung 1 zur Bewusstmachung der Lebensaufgabe

Stell Dir vor, es ist Dein 98. Geburtstag, und ein Dir nahe stehender Mensch hält eine Rede für Dich.

- ? Was wünschst Du Dir in dieser Rede zu hören?
- ? Was soll über Dich und Dein Leben gesagt werden?
- ? Schreibe diese Rede für Dich.

Übung 2 zur Bewusstmachung der Lebensaufgabe

Stell Dir vor, Du würdest als Seele auf einer kleinen weißen Wolke sitzen. Du hast nun die Möglichkeit, Dir Dein nächstes Leben auszusuchen. Du beantwortest Dir folgende Fragen:

1 ? In welchem Land würdest Du wohnen wollen?

2 ? Wie wäre die Familie, die Du Dir aussuchst?

3 ? Wärst Du männlich oder weiblich?

4 ? Welchen Beruf hättest Du und warum?

5 ? Würdest Du in einer Beziehung leben – wenn ja, in welcher?

6 ? Hättest Du Kinder?

7 ? Welche Hobbys würdest Du ausüben und warum?

8 ? Wie wäre Deine Persönlichkeit, welche Werte würdest Du leben?

9 ? Wie wäre Deine finanzielle Situation, wie wärst Du aufgestellt?

10 ? Wäre Spiritualität ein Thema für Dich?

11 ? Was genau wäre Deine Lebensaufgabe?

12 ? Wie genau würdest Du diese umsetzen?

Für die Auswertung gibt es zwei grobe Richtungen. Entweder Du glaubst an Reinkarnation und Karma, dann könnte das eine erste bewusste Wahl für Dein nächstes Leben sein; Du kannst jetzt festlegen, was in diesem Leben wichtig wäre als Sprungbrett in das gewünschte Leben. Oder Du findest das Modell völlig abwegig, Du bist überzeugt davon, dass so etwas doch wohl völliger Blödsinn ist. Gut, dann achte genau auf dieses Leben, denn Du hast nur eines. Dann kannst Du ganz sicher sein, dass viele der Dinge, die Du durch Deine Antworten herausgefunden hast, im Jetzt umgesetzt werden wollen.

Übung 3 zur Bewusstmachung der Lebensaufgabe

Suche Dir drei Menschen in Deinem Umfeld aus, die Dich gut kennen und die Du magst. Frage Dich nun vorerst selbst, was diese Menschen sagen würden, wenn sie nach Deinen Besonderheiten gefragt würden. Mache Dir Deine Notizen.

Im nächsten Schritt frage bitte die ausgesuchten Menschen danach und notiere ihre Antworten.

Dann vergleiche die Antworten miteinander und schreibe Deine Erkenntnisse daraus auf.

Übung 4 zur Bewusstmachung der Lebensaufgabe

Schreibe Deine Antworten für Dich auf die folgende Frage auf:

Was würdest Du tun, wenn es keinerlei finanzielle Beschränkungen gäbe und Du sicher wärst, dass Du nicht scheitern könntest?

Übung 5 zur Bewusstmachung der Lebensaufgabe

Stell Dir vor, Du wärst in sehr hohem Alter nach einem erfüllten Leben bei völliger körperlicher und geistiger Gesundheit gestorben. Dein Grabstein soll jetzt Deine letzte Visitenkarte sein und eine Unterstützung darstellen, für alle, die das lesen. Es mag sein, dass Deine Antworten zu Beginn zu lang werden. Kürze sie immer mehr, bis sie Dir optimal erscheinen.

- ? Wenn Dein Grabstein Deine letzte Visitenkarte wäre, welche Kurzfassung wäre darauf zu lesen?
- ? Was ist Deine Botschaft für die Welt?
- ? Was willst Du hinterlassen, wenn Du diese Welt verlässt?

→

Er/sie war: ....

Er/sie hinterlässt: ....

Trage nun Deine Notizen zusammen, damit Du daraus eine Erstfassung Deiner persönlichen Lebensaufgabe erstellen kannst. Deine ersten Sätze beginnen mit: Meine Lebensaufgabe ist es, ...

Du wirst merken, dass es Dir bereits jetzt Freude bereitet, dies zu wissen. Damit das immer klarer und besser für Dich wird, ist es erforderlich, dass Du alle zwei bis drei Wochen diese Übungen wiederholst und die Fragen neu beantwortest. Vergleiche sie mit Deinen vorhandenen Notizen und ergänze diese.

Du wirst fühlen, dass Du Dich mit Deinen Erkenntnissen identifizieren kannst. Es kommt dadurch zu einer tiefen inneren Überzeugung darüber, was Deine Lebensaufgabe ist und wie Du sie umsetzen willst. Schreibe Dir zuerst alle Möglichkeiten auf, die Dir einfallen, wie Du Deine Aufgabe oder einen Teil davon in Deiner Berufung umsetzen könntest. Korrigiere Deine Einfälle nicht, sondern schreibe unzensiert alles auf, was Dir einfällt. Frage Dich noch nicht: WIE kann ich das konkret umsetzen? Frage nur danach: WAS kann ich tun? Die Frage nach dem WIE verschieben wir vorerst auf das Kapitel über Positionierung.

Nach einem Webinar habe ich eine Umfrage durchgeführt mit der Eingangsfrage: Kennst Du Deine Lebensaufgabe? 50 Prozent der Befragten gab an, keine Ahnung zu haben. Den anderen 50 Prozent war ihre Aufgabe bekannt, jedoch gaben davon 40 Prozent an, dass sie sich die Umsetzung nicht zutrauen würden. Ich bin darüber sehr traurig, denn ich wünsche jedem Menschen von Herzen den Mut zur Umsetzung. Es lohnt sich in allen Bereichen des Lebens.

Da Du jetzt bereits eine erste Ausarbeitung erstellt oder Dein Wissen über Deine Berufung ergänzt hast, kannst Du bei allen folgenden Erklärungen zur Positionierung prüfen, was für Dich infrage kommt. Vervollständige Deine Aufzeichnungen immer weiter.

4 Positionierung

4.1 Was bedeutet Positionierung?

„Wenn Sie nicht automatisch neue Kunden gewinnen,
sind Sie falsch positioniert."
(Peter Sawtschenko)

Positionierung bedeutet, ein Produkt auf dem Markt einzuordnen. Wenn es eine Ware gibt, ist deutlich, was das Produkt ist. Das Produkt eines Dienstleisters ist sein Angebot, seine Dienstleistung, die er dem Kunden offeriert. Im Folgenden werde ich zur Vereinfachung den Begriff Produkt verwenden. Du bestimmst bitte für Dich, ob Ware oder Dienstleistung auf Dich zutrifft.

Viele meiner Kunden haben mir berichtet, dass sie als Kleinstunternehmer immer weniger Aufträge generieren können. Die Lösung der meisten bestand darin, Anzeigen in Printmedien, über Google-Adwords, auf Facebook oder anderen Portalen zu schalten. Sie ließen zusätzlich eine Suchmaschinenoptimierung durchführen. Alle haben übereinstimmend erklärt, dass dies für sie keine signifikant besseren Ergebnisse gebracht habe. Es herrscht einfach ein derart großes Überangebot, dass es zu regelrechten Verdrängungswettbewerben kommt. Auch die Loyalität der Kunden zu „ihrem Anbieter" hat sich gewandelt. Über das Internet kann sich jeder Kunde in kürzester Zeit informieren, Preise und Leistungen vergleichen. Der Wechsel zum nächsten Anbieter ist oft schnell vollzogen.

Ich habe den Eindruck, dass sich die bisher geltende Geiz-ist-geil-Gesellschaft weiter verschärft hat. Waren es gestern die Schnäppchenjäger, für die nur der günstigste Preis zählte, ist es heute die Umsonst-Gesellschaft. Auf fast jeder Internetseite finden sich kostenlose hochwertige Geschenke, die vom Kunden inzwischen erwartet werden. Um mit dem Kunden überhaupt in Kontakt zu kommen, müssen wir wertvollen Content liefern. Der Kunde möchte vorab schon einen Mehrwert, um dann zu entscheiden, ob und inwieweit er mit uns Geschäfte machen möchte. Wenn Dein Produkt ein Waren-Produkt ist, stehst Du zudem in Konkurrenz zu

Billiganbietern aus anderen Ländern. Beim Dienstleistungsprodukt ist oft der örtliche Rahmen eingeschränkt und die lokalen Mitanbieter zahlreich.

Bei einer guten Positionierung kommt es darauf an, sich von seiner Konkurrenz abzuheben. Es muss Dir gelingen, mit Deinem Angebot im Kopf Deiner Kunden nachhaltig hängenzubleiben. Dies kannst Du erreichen, indem Du z. B. ein Produkt mit Alleinstellungsmerkmal anbietest oder einen Expertenstatus generierst.

Jede Strategie braucht ein Fundament. Das Fundament der Positionierung könnte eine Marktanalyse im Internet sein. Du würdest mit Suchworten Deiner Branche nach einer geeigneten Nische, die noch nicht belegt ist, suchen. Darauf baust Du dann die weitere Positionierung auf. Leider ist mit der Methode nicht gewährleistet, dass Du das machst, was wirklich zu Dir passt und Dir Freude bereitet.

Als ich begonnen habe, mich für das Thema Positionierung zu interessieren, habe ich immer wieder gehört: Du kannst nicht mit einer vorgefertigten Meinung in die Analyse gehen, Du musst Dich am Markt orientieren und nicht umgekehrt. Genau das wollte ich aber nicht. Ich wollte meiner Berufung folgen.

Es reicht jedoch nicht aus, wenn Du Deine Berufung nur kennst. Es ist außerdem wichtig, dass Du von Deinen Kunden in und mit Deiner Besonderheit wahrgenommen wirst. Jetzt beginnen wir damit, dass sich Deine Einzigartigkeit auch in Deiner Berufung widerspiegelt.

4.2 Auf welchen Grundsätzen basiert die Positionierung?

Die Grundregeln der Positionierung basieren auf den Strategien der Engpasskonzentrierten Verhaltens- und Führungsstrategie, abgekürzt EKS®. Wolfgang Mewes, der Begründer der EKS®, hat den Erfolg von mehreren Tausend Führungskräften und Unternehmen, die zu den weltweit erfolgreichsten zählen, analysiert. Er fand heraus, dass deren Vorgehen bewusst oder unbewusst einer ähnlichen Strategie folgte.

Auszug aus der Internetseite von Wolfgang Mewes (www.wolfgang-mewes.de):

„Die EKS nach Wolfgang Mewes setzt die persönlichen und betrieblichen Kräfte gezielt ein; Ziel ist es, sich durch die Kombination individueller Stärken, Beziehungen und Fähigkeiten ein unverwechselbares Profil zu erarbeiten und daraus eine Spitzenleistung für eine bestimmte Zielgruppe zu entwickeln, indem man sich an deren brennendstem Problem orientiert."

Bevor wir uns dem brennendsten Problem der Zielgruppe zuwenden, sollten wir uns vorerst um die Spezialisierung kümmern.

Da ich mich auf eine Struktur und Ordnung meiner Texte festlegen musste, sieht mein Bearbeitungsvorschlag vor, zuerst die Spezialisierung zu klären, dann die eigene Zielgruppe genauer zu betrachten und erst dann zum brennendsten Problem des Kunden zu gelangen. Für die Dienstleister folgt dann die Erweiterung, sich als eigene Marke selbst zu positionieren.

Ich habe diese Reihenfolge gewählt, damit Du mit den von Dir gefundenen Teilen Deiner Berufung logisch weiterarbeiten kannst.

Es mag sein, dass die von mir gewählte Struktur nicht Deiner Vorliebe entspricht. Wenn das so ist, dann springe in den Kapiteln und passe die Bearbeitung so an, dass sie für Dich stimmt.

4.3 Was ist eine Spezialisierung, und wie findest Du Deine optimale?

Eine Spezialisierung besteht für mich dann, wenn etwas besonders, einzigartig und anders als das Bekannte ist. Damit ist automatisch ein Alleinstellungsmerkmal gegeben, und Du steigst zum konkurrenzlosen Spezialisten mit Alleinstellung auf. Um das zu erreichen, solltest Du ein spezielles Warenprodukt oder ein Dienstleistungsprodukt anbieten, welches sich von allen anderen unterscheidet. Wie ich später noch erklären werde, kann auch eine Kombination dieser beiden – Ware und Dienstleistung – eine sehr gute Möglichkeit sein, als Spezialist wahrgenommen zu werden.

Das hört sich zuerst einmal einfach an. Bei der Umsetzung in die Praxis ist von der Einfachheit meist nicht mehr viel zu bemerken. Was tun, wenn sich Dein Produkt auf den ersten Blick nicht von denen Deiner Mitbewerber am Markt unterscheidet? Dann solltest Du nochmals hinschauen, neue Blickwinkel für andere Erkenntnisse suchen und finden.

Deine Erkenntnis-Sammlung wird Dir dazu dienen, immer besser und authentischer kommunizieren zu können, was genau Du für wen tust. Es ist überaus wichtig, dass Du für Dich herausfindest, was Du erzählen willst, denn was nutzt Dir die beste Spezialisierung, wenn es niemanden gibt, der auf Dich aufmerksam wird.

Es gibt unterschiedliche Spezialisierungsmöglichkeiten:

- Produktspezialisierung (das Besondere in den Vordergrund stellen)
- Eingrenzung der Produktpalette
- Orientierung auf eine spezielle Zielgruppe
- spezielle Problemlösung für die Zielgruppe
- Optimierung des Kundennutzens
- Wissensspezialisierung – als Experte wahrgenommen werden
- Spezialisierung als Marke
  1. Markenprodukt
  2. die eigene Persönlichkeit und die eigene Besonderheit in den Vordergrund stellen und zur Marke machen

In Kleinstunternehmen ist es wichtig, sich auf möglichst vielen, besser noch auf allen Ebenen der vorgenannten Punkte zu spezialisieren, da es sonst sehr schwer wird, ein Alleinstellungsmerkmal zu generieren, denn es gibt einfach zu viele ähnliche Anbieter auf dem Markt.

Als Spezialist wird Dir eine weit höhere Problemlösungskompetenz unterstellt, da Du über weit mehr Fachwissen auf eben Deinem Spezialgebiet verfügst, als ein breitbandig aufgestellter Unternehmer. Als Spezialist wirst Du bei guter Leistung selbstverständlich von Deinen Kunden empfohlen, kannst Dir Stammkunden aufbauen und brauchst dadurch weniger Geld für Werbung auszugeben.

Es kann sein, das sich in Dir Widerstand regt, weil Du Vorbehalte gegenüber einer Spezialisierung hast. Vielleicht glaubst Du, dass damit Deine Tätigkeit langweilig wird, weil Du immer das Gleiche tust. Oder Du glaubst, dass durch die Spezialisierung die Zielgruppe stark eingeengt wird und Du dadurch nicht genug Umsatz erwirtschaften kannst. Beides scheint sich in der Umsetzung nicht zu bewahrheiten, denn Du selbst suchst Dir Deine Eingrenzungen danach aus, was Du besonders gerne tust, und legst auch fest, wie Deine Traumkunden aussehen sollen. Dazu liest Du im Abschnitt über die Persona mehr (S. 51ff.). Meiner Meinung nach führt diese Eingrenzung dazu, dass Dir Deine Tätigkeit noch mehr Freude macht, weil Du das tust, was Du am liebsten tust. Damit kannst Du nur erfolgreicher werden, weil sich Deine Kompetenz herumsprechen wird. Mithilfe des Internets bist Du auch nicht mehr regional beschränkt, wenn Dein Produkt das erlaubt.

Die nächsten Kapitel enthalten erneut viele Fragen. Ich bitte Dich wie bisher, die Fragen handschriftlich zu beantworten.

Dann erstelle Dir im Computer eine Zusammenfassung Deiner Erkenntnisse, die Du immer weiter ergänzen und erweitern kannst.

Produktspezialisierung

Ein absolut einmaliges Produkt auf den Markt zu bringen, ist kein einfaches Vorhaben. Es braucht zu Beginn die zündende Idee und viel Kreativität zu ihrer Umsetzung. Und zündende Ideen entstehen oftmals nicht dadurch, dass wir gezielt überlegen und nachdenken – sie kommen einfach so.

Ein Beispiel für eine solche Idee las ich neulich im Sonntagsjournal der Nordsee-Zeitung. Angelika Hansen hat die „Rubber-Büx" (Büx = plattdeutsches Wort für Hose) kreiert. Diese aus Gummi bestehenden Party-Latzhosen mit Handyfach und Biertasche verkauft sie bei Musikfestivals wie Deichbrand, Hurricane, Wacken und ähnlichen Veranstaltungen. Sie hatte sich vorher jahrelang über die verdreckte Kleidung ihres Sohnes geärgert, wenn dieser von einer Hurricane-Sause heimkam.

Ich weiß aus den Erfahrungen meiner Klienten und meinen eigenen, dass eine Produktspezialisierung bei den meisten nicht gegeben ist. In Handwerk und Dienstleistung gibt es sehr viele Mitbewerber mit gleichen oder ähnlichen Produktangeboten. In früherer Zeit war es möglich, allein über eine gute Leistung bestehen zu können. Da die Zeiten sich gewandelt haben, reicht dies nicht mehr aus.

Hier kommen wir nur mit Kreativität weiter. Du kannst Dir zum Beispiel Gedanken machen, welche Arbeiten aus Deiner täglichen Routine Du ganz besonders gerne machst. Hieraus könntest Du Deine Spezialisierung entwickeln.

Ein Beispiel: Mein Klient Mathias hat eine Tischlerei. Er hat sich auf die Anbringung ganz spezieller Zimmerdecken aus Holz spezialisiert. Diese Decken haben keine Nähte und besitzen integrierte Lampen. Zudem wirbt Mathias damit, dass für die Montagearbeiten wenig in der Kundenwohnung weggeräumt werden muss, da kaum Dreck verursacht würde.

Da er nur in der Region arbeiten möchte, in der er wohnt, macht er ausschließlich Werbung in der ortsansässigen Tageszeitung. Inzwischen nehmen seine Neukunden eine längere Wartezeit in Kauf, um eine solche Decke in ihrer Wohnung montieren zu lassen.

Ob Dein Produkt erfolgreich wird, hängt ganz entscheidend von der Wahrnehmung des Kunden ab. Der Kunde steckt Dein Produkt in „eine Schublade" und bestimmt damit Deine Positionierung. Also bedenke bei Deinen Überlegungen, dass Du immer nur aus der Sichtweise des Kunden denkst, gemäß des Spruchs: „Der Köder muss dem Fisch schmecken, nicht dem Angler."

Für das Dienstleistungsprodukt kann ich von meiner Selbstständigkeit berichten: Ich bin seit über 20 Jahren selbstständig. Die ersten Jahre bot ich Erfolgspsychologie, Persönlichkeitsentwicklung und Seminare für die Findung und Umsetzung von Zielen an. Da ich damit zu breit aufgestellt war, fragte ich mich, welche Themen den bisherigen Klienten und mir am meisten Spaß gemacht haben. Die größte Freude hatte ich dabei, meine Klienten zu unterstützen, Lösungen für Probleme auf den obersten Ebenen der Persönlichkeit zu finden: der eigenen Besonderheit, der Selbstliebe, dem Selbstwert, Selbstvertrauen, der Lebensaufgabe, Berufung, gerne unter Einbeziehung der eigenen Spiritualität. Bedauerlich fand ich es, wenn meine Klienten nach dem Seminar nicht kontinuierlich weiterarbeiteten, um weitere Ziele umzusetzen. Aus dieser Erfahrung heraus habe ich mein neues Produkt zusammengestellt: Berufungs-Positionierung mit Umsetzungsgarantie.

Fragen, damit Du Deine Produktspezialisierung finden kannst

? Welche Produkte, die Dir ganz wichtig sind, kannst Du modifizieren, und wie genau?

? Welche Spezifikationen wären möglich? (zuerst sammeln, ohne zu bewerten, im Anschluss selektieren).

? Wie möchtest Du am Markt wahrgenommen werden? – In welcher Schublade möchtest Du landen?

Spezialisierung durch Kundenbeziehung und überragende Dienstleistung

Eine besonders gute Produktqualität allein garantiert heutzutage kein Alleinstellungsmerkmal mehr. Ebenso ist eine gute Dienstleistung nichts Außergewöhnliches mehr. Diese darf der Kunde erwarten und tut es auch.

Was Dich als Verkäufer eines Produktes besonders machen kann, ist Dein Service, den Du für Deine Kunden kostenlos anbietest. Damit erweiterst Du Verkauf um Dienstleistung. So hat es in meinem Beispiel aus dem Vorkapitel Mathias verwirklicht, der seinen Kunden einen besonderen Service dadurch anbietet, indem sie selbst kaum Aufwand haben, um die handwerklichen Arbeiten von Mathias' Firma ausführen zu lassen.

Aus Erfahrung weiß ich, dass Kunden bei Dienstleistern strenge Maßstäbe ansetzen, weil das Produkt bereits die Dienstleistung selbst ist. Die Frage, die Du Dir stellen solltest, ist: „Wann ist eine Dienstleistung richtig gut?" Meine Antwort darauf lautet: „Wenn die Erwartungen des Kunden übertroffen werden."

Um eine weitere gute Kundenbindung zu erreichen, sollte es Dir gelingen, zu Deinen Kunden ein gutes persönliches Verhältnis aufzubauen, indem Du eine Beziehung mit dem Kunden eingehst.

Wie ich später noch genauer ausführen werde, treffen alle Menschen Entscheidungen auf der Gefühlsebene. Die Kommunikationspsychologie lehrt, dass die Beziehungsebene wichtiger ist als die Sachebene. Das bedeutet im Kundenkontakt (wie in jedem Kontakt): Wenn es in der Kommunikation zu Problemen kommt, befinden sich diese auf der Beziehungsebene. Wir tun zuweilen nur so, als ob es anders wäre. (Für weiterführende Informationen verweise ich auf die Buchreihe „Miteinander reden“ von Friedemann Schulz von Thun.)

Bitte kläre für Dich, was Du unter einer guten Beziehung verstehst. Für mich persönlich ist eine gute Beziehung dann gegeben, wenn **beide** Partner dafür sorgen, dass es dem anderen an nichts fehlt, die Entwicklung des Partners größtmöglich unterstützt und somit dafür Sorge getragen wird, dass sich das Potenzial des Partners bestmöglich entfalten kann.

Wenn das auf diese Weise gelebt wird, dann ist auch klar, dass der Nutzen des anderen über den Eigennutzen gestellt wird. Die Basis, Beziehungen auf diese Art leben zu können, ist Liebe, denn Liebe will geben und erfüllt sich im Geben.

An dieser Stelle sind einige meiner Klienten irritiert. Sie fragen: „Ist das nicht eine Erklärung für eine sehr persönliche Beziehung? Hier geht es doch um Kunden und denen unterstellst Du, dass auch sie Deinen Nutzen über ihren stellen?“ Die verkürzte Aussage meiner persönlichen Definition ist: „Ich sorge für Dich, und Du sorgst für mich – ich stelle Deinen Nutzen über meinen, und Du stellst meinen Nutzen über Deinen.“ Ja, für mich stimmt das so. Wenn ich zum Beispiel eine Lösung für das Problem eines Klienten suche, dann muss es seine Lösung sein, nicht meine. Mein Nutzen aus einem Geschäft ist zwangsläufig die Bezahlung.

Für mich ist der Satz „Wir sollten unsere Kunden lieben“ gelebte Wirklichkeit. Ich bin der festen Überzeugung, dass wir es ansonsten schwer haben, eine überragende Dienstleistung abliefern zu können. Die Schwingungen unserer Gedanken kommen bei unserem Gegenüber an, und so ist alles, was sich unterhalb einer neutralen Bewertung bewegt, für beide Seiten nicht besonders förderlich, um eine vertrauensvolle und stabile Geschäftsbeziehung zu etablieren.

Fragen zur Klärung, wie Du eine gute Kundenbeziehung aufbaust und eine überragende Dienstleistung findest

? Was verstehst Du unter einer guten Kundenbeziehung?

? Woran machst Du fest, ob Du in einer guten Beziehung zu Deinem Kunden stehst?

? Wie leicht fällt es Dir, gute und fruchtbare Kundenbeziehungen aufzubauen?

? Was kannst Du tun, um Deine Beziehungsfähigkeit zu verbessern?

? Verfügst Du über Strategien, um Neukundenbeziehungen zu verbessern?

? Mit welchen Dienstleistungen kannst Du die Kundenwünsche übertreffen?

? Welche Serviceleistungen wären denkbar, die jeden Kunden begeistern?

? Wenn Du selbst Dein Kunde wärst, was würdest Du Dir wünschen?

Spezialisierung durch Produkteingrenzung

„Nachdem wir das Ziel endgültig aus den Augen verloren haben, verdoppeln wir unsere Anstrengungen."
(Mark Twain)

Gerade dann, wenn unser Geschäft nicht so lukrativ läuft, wie wir uns das vorgestellt haben, ist die Gefahr sehr groß, die eigene Produktpalette erweitern zu wollen. Es mag sein, dass wir die Kompetenz und das Können dazu haben, auch mit einem größeren Produktangebot das Qualitätsniveau zu halten. Für Neukunden, die das nicht beurteilen können, ist dies nur schwer nachvollziehbar. Oft wird hier nach dem Sinnspruch geurteilt: „Wer vieles kann, kann nichts richtig gut."

Diese Art von Überangebot führt in jedem Fall dazu, dass Du auf diese Art niemals als Spezialist wahrgenommen werden kannst. Es gilt, herauszufinden, an welchen Deiner Produkte Dein Herz hängt, um Dich dann auf diese zu spezialisieren. Für die Auswahl spielt wiederum Deine Berufung eine große Rolle. Frage Dich bitte, was die Kernaussage Deiner Berufungserkenntnisse ist: „Was genau ist Deine Aufgabe, und wie kannst Du sie umsetzen?" Schau des Weiteren auf Deine Angebote, und überlege Dir, welche davon mit Deiner Berufung in Einklang zu bringen sind.

Wer glaubt, dass dieses Problem nur Gründer betrifft, der irrt sich gewaltig. Sobald das Geschäft nicht mehr so gut läuft, liegt eine große Gefahr darin, zu meinen, den momentanen „Mangel", nur durch eine Angebotserweiterung aufhalten zu können.

Aus eigener Erfahrung weiß ich, dass die Verlockung einfach sehr sehr groß ist. Auch ich habe diesen Fehler gemacht, als ich weniger zu tun hatte. Ich habe meine Kunden befragt, welche Produkte sie sich wünschen würden. Alles, was auch immer sie wollten, habe ich angeboten. Ich habe immer wieder den Satz gehört: „Wenn Du X anbieten würdest, würde ich das buchen." Tatsächlich eingelöst hat das allerdings kaum jemand. Auf mögliche Neukunden wirkten meine Angebote wohl wirklich wie ein Gemischtwarenhandel.

Ähnlich wie mir ist es meiner Klientin Maria ergangen. Sie ist Reiki-Meisterin und -Lehrerin. Nach einer Weile erweiterte sie ihre Produktpalette um mehrere Yogaformen, Meditation, andere Entspannungstechniken wie Autogenes Training, meditativen Tanz sowie Malen und Zeichnen. Auch hier war für Neukunden nicht mehr ersichtlich, was sie davon richtig gut kann.

Wolfgang Mewes hat in der EKS® erklärt, dass wir mit unserem Produktangebot wie eine Speerspitze in die Wahrnehmung des Kunden eindringen müssen. Das hört sich für mich in ersten Moment ziemlich gewalttätig an, macht aber deutlich, worum es geht. Du musst erreichen, mit Deinem Produktangebot vom Kunden wahrgenommen zu werden, und das geschieht nur, wenn Du Dich auf ein kleines Produktangebot fokussierst.

Fragen, die Dich unterstützen sollen, Deine Produkteingrenzung zu finden

? Welche Produkte stellen Deine Produktpalette dar?

? Welche Produkte kannst Du streichen?

? Welche Produkte müssen unbedingt im Angebot bleiben?

? Wie kannst Du Deine Produkte zusammenfassen, etwas Einmaliges daraus machen?

Eingrenzung der Produktvielfalt durch die Konzentration auf das Kerngeschäft

Wenn Du bereits ein Kleinunternehmen hast, somit schon länger am Markt bist, dann ist es erfolgsversprechend, wenn Du Dich auf Dein eigentliches Kerngeschäft zurückbesinnst. Dies kannst Du selbstverständlich auch von Deiner Berufung ableiten. Mache das zu Deinem Kerngeschäft, was Du wirklich aus vollem Herzen machen willst. Finde eine Spezifikation, die genau dazu passt.

Bitte prüfe für Dich, was Dein Kerngeschäft ist oder einmal war.

Es mag sein, dass Du jetzt entgegnest: „Ich habe mich weiterentwickelt und möchte nicht mehr das tun, womit ich begonnen habe." Wenn das der Fall ist, dann hast Du natürlich Recht und solltest das, womit Du begonnen hast, auch nicht mehr anbieten.

Maria, von der ich Dir im letzten Kapitel erzählt habe, ist wieder erfolgreich im Geschäft. Begonnen hat sie zwar mit Reiki, sie hat sich inzwischen allerdings weiterentwickelt. Sie bietet Yoga an, vor allem spezielle Yoga-Formen für die Hormonunterstützung. Zudem hat sie Yogakurse ausgearbeitet, die sie in Firmen durchführt, mit Übungen, die auf dem Bürostuhl oder dem kleinen Platz vor dem Schreibtisch in einer Pause in Businesskleidung ausgeführt werden können.

Als Beispiele für die Wahrnehmung als Spezialist sind diese Trainer bekannt: Bodo Schäfer (Moneycoach), Jürgen Höller (Motivation), Oliver

Geiselhart (Gedächtnistraining), Dirk Kreuter (Verkauf), Tony Robbins (NLP[1])

Fragen, um Dein Kerngeschäft zu identifizieren

? Womit hast Du Deine Selbstständigkeit begonnen?

? Was war der Grund für Deine Selbstständigkeit?

? Worin liegt Deine größte Kompetenz?

? In welchem Bereich liegen Deine größten Stärken?

? Was kannst Du am besten?

? Was macht Dir am meisten Freude?

? Was ist Dein Kernprodukt, und wie kannst Du es spezialisieren?

Positionierung über die Zielgruppe (Kundengruppe)

„Freundlichkeit in Worten schafft Vertrauen.
Freundlichkeit im Denken schafft Tiefe.
Freundlichkeit im Geben schafft Liebe."
(Laotse [Lao-Tse])

Unter einer Zielgruppe verstehe ich die Gesamtheit der effektiven oder potenziellen Personen, somit eine bestimmte Menge von Marktteilnehmern, die von uns mit unserem Produkt angesprochen werden sollen. Um es kurz zu sagen: Menschen mit gleichen Problemen, Wünschen, Bedürfnissen und Zielen, d.h. die Gruppe unserer Lieblingskunden.

Suche Dir eine Zielgruppe, die Du gut kennst und damit gut einschätzen kannst. Damit kennst Du auch ihre Probleme und deren Lösungsmöglichkeiten.

1 Das Neuro-Linguistische Programmieren wurde 1975 von John Grinder und Richard Bandler begründet. NLP analysiert die Muster oder die „Programmierungen", die durch das Zusammenspiel zwischen Gehirn (Neuro), der Sprache (Linguistik) und dem Körper entstehen und durch welche sowohl effektives wie auch ineffektives Verhalten produziert werden kann.

Als Kleinstunternehmer ist es sinnvoll, Deinen Fokus auf eine Zielgruppe zu richten, die für größere Mitbewerber unattraktiv zu sein scheint, weil sie diese für sich eher als unwirtschaftlich ansehen.

Es gibt zwei Richtungen, wie Du vorgehen kannst: Entweder Du erstellst zuerst die sogenannte Persona (mehr dazu im Abschnitt ab S. 51) und leitest die Zielgruppe davon ab. Oder Du suchst Dir Deine ganz persönliche Zielgruppe und leitest von dieser die Persona ab. Ich beginne im Folgenden zuerst mit der Zielgruppe. Sollte es Dir andersherum besser gefallen, stelle die nächsten Blöcke einfach um.

Für Deine Zielgruppenanalyse kannst Du berücksichtigen:

demografischen Merkmalen:	Alter, Geschlecht, Familienstatus, Wohnort etc.
berufliche Zugehörigkeit:	Angestellte, Selbstständige, Freiberufler, Gehaltsklasse, Geschäftsleitung, Beamte, leitende Angestellte etc.
sozioökonomische Merkmale	Bildungsstand z. B. Studenten
psychografische Merkmale	Meinung, Motivation, Einstellung, Wertesystem

Suche Dir möglichst eine Zielgruppe aus, die Du wirklich verstehst, weil Du Dich ihr zugehörig fühlst oder zugehörig fühlen möchtest. Menschen merken sofort, wenn Du von dem, was Du erzählst, keine Ahnung hast.

Für mich persönlich wäre es z. B. nicht ratsam, als Kundengruppe Großunternehmer anzusprechen, da sie in ihrer Firmierung eine ganz andere Ordnung haben. In diese müsste ich mich erst langfristig einarbeiten, ich könnte hier nicht mit eigenen Kompetenzen glänzen. Die Gefahr, hier ins Fettnäpfchen zu treten, oder sogar in ein „großes Loch" zu fallen, wäre sicher groß. Mir wäre es in diesem Fall zu aufwendig, mich in diese neue Materie einzuarbeiten – der Rest ist für mich schon Herausforderung genug. Entscheide Dich für eine Zielgruppe, die Du einschätzen kannst, weil sie Dir selbst ähnlich ist. Dann halte ich es für sinnvoll, wenn Du Dich auf einen Teil dieser Gruppe spezialisierst. Wenn Du z. B. für Ärzte gearbeitet hast, dann konzentriere Dich eventuell auf Fachärzte.

Ein weiteres Kriterium für die Zuordnung Deiner persönlichen Kundengruppe ist sicher auch die Frage, welche Gruppe noch über das nötige Kapital verfügt, Deine Produkte kaufen zu können.

Ich habe erlebt, dass die Positionierungs-Coaches sich bei der Zielgruppenanalyse oft auf die lohnendste Zielgruppe konzentrieren. Da Du Dich an Deiner Berufung ausrichtest, wirst Du Dich für die Zielgruppe entscheiden, die Du liebst, an der Dein Herz hängt. Für Dich kommen die Kunden infrage, die Du wirklich haben willst.

Fragen zur Festlegung Deiner Zielgruppe

? Auf welche Kundengruppe ist Dein Produkt zugeschnitten?

? Welche Kundengruppe verfügt über das Kapital, Deine Produkte kaufen zu können?

? Welche Kundengruppe erscheint Dir sympathisch?

? Welche Kunden liebst Du besonders?

? Welche Kunden magst Du gar nicht?

? Welche Kunden gehen Dir auf die Nerven?

? Bei welchen Kunden hast Du das Gefühl, dass Du Dein Geld hart verdienen musst?

Das brennendste Problem der Zielgruppe finden und lösen

„Denke als Opfer und jammere, denke als Sieger und lebe in Lösungen."
(Ralph Schwarz)

Ich hoffe, Du erinnerst Dich, dass die Grundsätze der Positionierung sich daran ausrichten, dass Du das brennendste Problem Deiner Zielgruppe herausfindest und hierfür eine Lösung anbietest. Wenn Dir das gelingt, dann erreichst Du, dass Deine Produktangebote in die Tiefe gehen und die Kundenwünsche und -anliegen präziser umgesetzt werden können.

Durch dieses Vorgehen kannst Du die Anziehungskraft auf Deine Zielgruppe erhöhen. Bitte verwende genügend Zeit darauf, Dich wirklich mit Deiner Zielgruppe auseinanderzusetzen und präzise zu ergründen, welche Bedürfnisse diese hat, um sie gezielt mit Deiner Kernkompetenz bedienen zu können.

Du kannst sicher sein, dass die Menschen einer Zielgruppe, für die Du genau die passende Lösung für ihr Problem anbietest, hierfür auch bereit sind, Geld auszugeben. Aus diesem Grund ist es so wichtig, genau dieses Problem zu erkennen und dessen maßgeschneiderte Lösung zu finden.

Lass Dir genug Zeit, und prüfe immer wieder, was Du für wen anbieten willst und um welche Probleme und Lösungen es sich handelt. Stimme dies alles mit den Erkenntnissen Deiner Berufung ab und spiele die Arbeitssituationen gedanklich immer wieder durch.

Durch diese Arbeit gelingt es Dir wiederum auch, Deine Zielgruppe immer weiter einzugrenzen. Daraus ergibt sich meist zusätzlich eine noch weitere Spezifizierung Deines Produktangebotes.

Wenn Du das geschafft hast – die Eingrenzung Deiner Zielgruppe und das auf diese Zielgruppe abgestimmte Angebot –, solltest Du in einem nächsten Schritt Dein neues Produktangebot beschreiben. Erstelle eine möglichst umfangreiche und präzise erste Beschreibung. Spüre nach, ob es das ist, was Du willst, und ob es das ist, was Deine Kunden wirklich brauchen.

Danach gilt es, dem neuen Produktangebot einen Namen zu geben, indem Du mit wenigen Worten ausdrückst, worum es geht. Verwende hierauf viel Zeit. Es ist weit schwieriger, eine Thematik in kurzer Form „auf den Punkt zu bringen“, als eine lange und ausführliche Erklärung darüber zu verfassen.

Nun prüfe, ob das alles mit dem Namen Deiner Firmierung noch übereinstimmt. Vielleicht ist es sinnvoll, auch hier eine neue Namensgebung zu finden, damit der Firmenname bereits aussagt, was Du machst und worum es geht.

Fragen, die Dir helfen, das brennendste Problem Deiner Zielgruppe und deren Lösungsmöglichkeiten zu finden

? Welches Problem haben Deine Kunden, und wie genau löst Du es?

? Was ist der Mehrwert Deiner Produkte?

? Was hat der Kunde davon, wenn er bei Dir kauft oder bucht?

? Was bekommt der Kunde nur und ausschließlich bei Dir?

? Welche Besonderheit weist Dein Produktangebot auf?

? Was ist das brennendste Problem Deiner Zielgruppe?

? Wie kannst Du es lösen?

? Inwiefern tragen Deine Produkte zur Problemlösung Deiner Zielgruppe bei?

? Wenn Deine Produkte nicht optimal passen, wie kannst Du sie verändern?

Die Persona – Dein konkreter Traumkunde

„Die Erfahrung lehrt uns, dass Liebe nicht darin besteht, dass man einander ansieht, sondern dass man in die gleiche Richtung blickt."
(Antoine de Saint-Exupéry)

Für mich sind Kunden immer die wichtigsten Personen im Unternehmen, denn wir hängen von ihnen ab. Der Kunde ist der Chef, der das „Gehalt" zahlt.

In diesem Kapitel werden wir Deine Traumkunden noch weiter spezifizieren. Das Wort Persona (lat. Maske) bezeichnet eine Einzelperson einer Zielgruppe, deren charakteristische Merkmale beschrieben werden. Damit diese Vorstellung nicht abstrakt bleibt, sondern eine „lebendige" Vorstellung eines idealen Kunden ergibt, erstellen wir uns eine Collage. So können wir uns durch einen Blick auf das Gesamtbild immer wieder leicht der

Einzelheiten erinnern, die wir unserer Persona zugeschrieben haben. Dein Unterbewusstsein, welches Bilder liebt, kann Dir dann zusätzlich helfen, eine entsprechende Kundenresonanz herzustellen.

Damit Du verstehst, wie wichtig diese Arbeit ist, möchte ich Dir kurz erklären, welcher Sinn dahintersteckt. Hast Du eine reale Collage erstellt, kannst Du Dich bei allen Marketing-Fragen auf genau diese Persona beziehen. Bei allem kannst Du Dich nun fragen, ob es Deine Persona erreichen wird. Würde die Persona in Facebook, Twitter, Xing, Instagram, Google + oder anderen Medien für Dich erreichbar sein? Mag sie wirklich Newsletter, oder möchte sie vielleicht lieber kurze Ankündigungen, wenn Du etwas Neues in Deinen Blog geschrieben hast? Welche Printmedien werden von Deiner Persona gelesen – wo lohnt es sich für Dich, eventuell Anzeigen zu schalten. Welche Veranstaltungen besucht Deine Persona? Ebenso beim Schreiben eines Textes kannst Du Dich fragen, was sie wohl interessieren würde. Oder Du kannst Dir bei der Aufnahme eines Videos vorstellen, dass Deine Persona vor Dir steht und Du ihr Dein Anliegen erzählst. Ich wollte es auch nicht recht glauben und doch ist es um ein vielfaches einfacher, wenn es ein konkretes Kundenbild gibt, welches Du vor Augen hast, wenn Du über eine Kundenfrage nachdenkst.

Der für mich wichtigste Grund für eine Collagenerstellung und -erweiterung ist allerdings die noch gezieltere Beschäftigung mit den Menschen der Zielgruppe. Denn Du willst ja kein Spezialist für ein Produkt sein, sondern Experte für die Menschen Deiner Zielgruppe.

ÜBUNG *Übung Persona-Collage*

Du brauchst für Deine Collage einen großen leeren Bogen, am besten aus Bastelkarton. Zudem benötigst Du diverse Zeitschriften, Kataloge etc. mit Bildmaterial, bunte Aufkleber, viele unterschiedliche Stifte und Dekorationsmaterial. Suche Dir aus einer der Zeitschriften oder Kataloge ein Bild aus, das Deinen Traumkunden zeigt. Schneide das Bild aus und klebe es in die Blattmitte. Dann ergänze das Ganze bitte anhand der folgenden Fragen:

? Wie heißt der Kunde/die Kundin?

? Wann ist er/sie geboren?

→

- ? Lebt er/sie in einer Beziehung? – Wenn ja wie, verheiratet oder nicht? Wie lange?
- ? Was macht der Partner/die Partnerin? Wann ist er/sie geboren? Welchen Beruf übt er/sie aus?
- ? Hat er/sie Kinder? Wenn ja – wann sind diese geboren? Welcher Charakter zeichnet sie aus?
- ? Wo und wie genau lebt er/sie? In einem eigenen Haus, einer eigenen Wohnung oder zur Miete?
- ? Welche Hobbys hat er/sie?
- ? Welchen Beruf übt er/sie aus?
- ? Wie sieht der konkrete berufliche Werdegang aus?
- ? Hat er/sie Haustiere?
- ? Wer sind die Eltern, und was machen sie?
- ? Hat er/sie Geschwister? – Wenn ja, was machen sie?
- ? Welches Auto fährt er/sie?
- ? Was macht er/sie in der Freizeit?
- ? Welche Eigenschaften zeichnen ihn/sie besonders aus?
- ? Was sind seine/ihre größten Probleme?
- ? Was sind seine/ihre größten Stärken?
- ? Welche Partei wählt er/sie?

In diesem Fragenkatalog finden sich deshalb beide Geschlechterformen, weil ich Dich animieren möchte, Dir zwei Collagen anzufertigen, jeweils eine für einen männlichen und einen weiblichen Kunden.

Die Collage entsteht dadurch, dass Du mit unterschiedlich farbigen Stiften die Antworten auf die Fragen auf das Bild schreibst. Bilder, Aufkleber, Deko etc. ergänzen das Ganze. Wenn Deine Collage fertig ist, hast Du einen „wirklichen" Menschen mit einem eigenen fiktiven Leben erschaffen.

Meine erste Ausarbeitung war ein männlicher Klient – Hans-Hermann, wohnhaft in Hamburg. Ich war damit absolut glücklich, merkte ich doch, dass vieles einfacher wurde, denn nun war die Marketing-Arbeit nicht mehr so abstrakt. Da ich mental sehr stark bin, ist mir danach allerdings eine sehr spannende Sache aufgefallen: Ab diesem Moment waren die männlichen Klienten in der absoluten Überzahl, da ich ab diesem Moment nur noch Männer anzog. Das wollte ich nun auch nicht. Also habe ich mir noch eine weibliche Persona gebastelt – Anna aus Köln.

Mir kam noch eine weitere ergänzende Idee zu meinen Persona-Ausarbeitungen: Anna und Hans-Hermann lesen unterschiedliche Zeitschriften. Somit lässt sich viel gezielter geschlechterspezifische Werbung platzieren, um unsere Klienten noch besser erreichen.

Aus diesem Grund möchte ich Dir ans Herz legen, Dir die Arbeit zu machen, zwei Collagen für Dich zu erstellen, damit auch Du mit Ausgewogenheit rechnen kannst, wenn das für dich wünschenswert ist.

Weitere Persona-Spezifizierung nach Werteliste

Um Deinen Traumkunden noch genauer zu entwerfen, ist es sinnvoll, die Persona-Spezifizierung um die Werteliste zu erweitern. In Kapitel 7 über Persönlichkeit kannst Du nachlesen, welchen Einfluss Werte auf Dein Handeln haben. Wenn Du Deine Werte nicht kennst, kannst Du Deine Aufzeichnungen aus diesem Kapitel überarbeiten, sobald Du das Kapitel 7.5 über Werte gelesen und bearbeitet hast. Orientiere Dich jetzt ganz einfach an meiner folgenden Liste und schreibe alles auf, was Dir spontan einfällt. Anhand der Werte, die Du Deiner Persona unterstellst, kannst Du ableiten, welche Persönlichkeitsmerkmale dieser Mensch hat.

Inzwischen kennst Du meine persönliche Vorliebe für die duale Sichtweise schon. Aus diesem Grund ergänze ich dieses Thema um die Frage: „Mit welchen Klienten willst Du auf keinen Fall arbeiten?“

Ich halte die Zuordnung der Werte für überaus sinnvoll, so kannst Du klären, wie Du mit Deinen Kunden am besten kommunizierst. Auch Deine Marketingtexte kannst Du daran ausrichten.

Meine Persona-Spezifizierung des Klienten, den ich mit Haut und Haaren liebe:

- Erfolgspersönlichkeit mit zeitweiligen Problemen, veränderungswillig
- hinterfragt alles kritisch, um wirklich individuell eigene Lösung zu erhalten
- schnelle Auffassungsgabe
- Mut zur Umsetzung
- innere Referenz (eigene Meinung wird nicht übernommen, sondern wird in sich selbst gebildet)
- Erfolgsstreben – besser werden wollen
- gutes Energieniveau – belastbar
- offen für energetische und spirituelle Sichtweisen
- diszipliniert oder den Wunsch danach
- lernt aus bereits gemachten Fehlern
- sieht Probleme als Hinweise an
- ist bereit, die Chancen der Krisen zu erkennen
- sieht ständige Weiterentwicklung als notwendig an
- braucht den wirklichen Kontakt zu Menschen

Meine Persona-Spezifizierung des Klienten, mit dem ich auf keinen Fall arbeiten möchte:

- mit Menschen, die sich in Opferrollen begeben und somit die Verantwortung ablehnen
- mit Menschen, die zu viel äußere Referenz brauchen
- mit bequemen Menschen, die nur Wissen anhäufen möchten, allerdings keine Umsetzung wünschen
- mit „Konsumenten", die nicht selbst arbeiten, sondern nur „machen lassen"
- mit Menschen, denen es darum geht, egal mit welchem Produkt, in möglichst kurzer Zeit möglichst viel Geld verdienen zu wollen

Fragen zur Erarbeitung der Persona-Spezifizierung nach Werteliste

? Welche Werte sind Dir im Umgang mit Deinen Kunden wichtig?

? Welche Werte sind Dir persönlich wichtig?

? Welche Werte hast Du in Bezug auf Kommunikation?

? Welche Werte magst Du nicht – willst Du nicht leben?

? Welche Werte lehnst Du bei Dir und anderen ab?

► **Übung:** Erstelle Dir eine Liste mit den Aussagen zu Deiner Werte-Persona. Nimm Dir dazu die Antworten der Fragen zur Hilfe.

Ergänzende Sichtweise für diejenigen, die bereits länger im Geschäft sind

Vielleicht ist Dir bei der Erarbeitung Deines persönlichen Traumkunden aufgefallen, dass Deine aktuellen Kunden von Deiner Wunschvorstellung abweichen. Mir ist es so ergangen. Ich fragte mich nach der Erstellung der Werteliste, wie viele meiner Klienten dieser Liste tatsächlich entsprachen. Mir ist aufgefallen, dass es solche Klienten bereits gab – von diesen abgeleitet ist die Liste entstanden. Doch ich hielt auch Seminare mit mehreren Teilnehmern, bei denen ich das Gefühl hatte, dass sich nur gemeinsam aus diesen Klienten ein solcher Lieblingsklient zusammensetzt.

Nun kann nicht jeder Mensch über alle Kriterien verfügen, die Du auf Deine „Wunschliste" geschrieben hast. Aus diesem Grund halte ich es für sinnvoll, auch eine Negativliste der Kunden zu erstellen, für die Du nicht arbeiten willst. Wenn Du das getan hast, dann verspreche Dir selbst, Dich bis in alle Zukunft daran zu halten.

Ich weiß, wie schwer es ist, gerade in Zeiten, in denen es suboptimal läuft. Dann ist die Gefahr sehr groß, mit Kunden zu arbeiten, die eben nicht passen, nur damit die Kasse stimmt. Meine persönlichen Erfahrungen diesbezüglich waren für mich heftig. Ein unpassender Klient nimmt sehr viel Zeit in Anspruch, Du fühlst Dich nicht wohl dabei. In meinem

Fall übertrug sich meine Stimmung auf die gesamte Gruppe – das Seminar lief nicht so gut, wie es hätte laufen können.

Wenn es Dir schwerfällt, die unpassenden Kunden zu identifizieren, dann frage Dich doch einfach: Was macht mich traurig? Worüber bin ich vielleicht sogar wütend, was meine Kunden tun oder eben nicht tun? Manche Unternehmer kommen z. B. nicht gut mit überaus anspruchsvollen Kunden zurecht, die immer noch einen Änderungswunsch haben, denen es nie genug ist, die immer noch einen Nachsatz bringen.

Ich persönlich war immer dann frustriert, wenn meine Seminarteilnehmer nach dem Seminar das neue Wissen nicht weiterhin anwandten. Sie arbeiteten fleißig, beantworteten alle Fragen, sammelten alle Informationen und kamen doch niemals in die Umsetzung. Dies beschäftige mich sehr, sodass ich mein Arbeitskonzept und mein Produktangebot geändert habe, damit die längerfristige Erfolgsumsetzung gewährleistet ist.

Ich biete jetzt eine Halbjahresbegleitung als Elite-Coaching in einer Gruppe oder als Einzelsitzung an. Das Coaching-System aus wiederkehrenden Elementen gewährleistet, dass wöchentlich persönliche Kontakte stattfinden. In der ersten Woche findet ein Präsenzseminar statt, in der zweiten Woche ein persönliches Einzelcoaching per Skype oder Telefon, in der dritten Woche findet ein für die Gruppe ausgearbeitetes Online-Seminar statt, in der vierten Woche gibt es wieder ein persönliches Einzelcoaching per Skype oder Telefon. Dieser Ablauf wiederholt sich ständig. Ein durchgängiges Buddysystem ergänzt das Ganze. Sollte das für eine individuelle Gruppe nicht ausreichen, kommen weitere Telefon- oder Videokonferenzen dazu.

Fragen zur Klärung, mit welchen Kunden Du nicht arbeiten möchtest

? Welche Kunden belasten Dich – und aus welchem Grund?

? Welche Kunden machen Dich wütend – und aus welchem Grund?

? Welche Kunden magst Du nicht?

? Wie sind die Kunden, die besser nicht wiederkommen sollen?

Gelungene Kombination: Produkt und Zielgruppe – Positionierung als Spezialist

„Es sind aber nicht Einzelmaßnahmen, sondern es ist die Summe aller Dinge, die ein Unternehmen, ein Produkt oder eine Dienstleistung erfolgreich macht."
(Peter Sawtschenko)

Wenn Du die Produkt-Positionierung mit der Zielgruppen-Positionierung zusammenbringst, schaffst Du eine gute Kombination.

Du hast Deine Zielgruppe genau definiert und kannst jetzt herausfinden, welche psychologischen Bedürfnisse diese hat. Es ist ratsam, dass Du eine Strategie konzipierst, mit der es möglich ist, bei der Zielgruppe Emotionen auszulösen, die dann wiederum zum Kauf führen. Du hattest schon erarbeitet, was das brennendste Problem Deiner Kunden ist. Jetzt, da Du Deine Zielgruppe bereits gut kennst, kannst Du das weiter spezifizieren.

In Kapitel 7 „Deine Persönlichkeit" findest Du die neuen Erkenntnisse der Arbeiten von Dr. Hans-Georg Häusel, die beschreiben, wie unterschiedliche Menschen Entscheidungen treffen. Da die meisten Menschen gemäß des Resonanzgesetzes Menschen anziehen, die eine sehr ähnliche Persönlichkeit haben wie sie selbst, kannst Du Deine Erkenntnisse über Dich auch auf Deine Kunden übertragen. Mit dem Wissen aus Kapitel 7 kannst Du Deine Antworten erneut überarbeiten und ergänzen.

Überlege bitte schon jetzt, ob es etwas gibt, vor dem Deine Zielgruppe Angst oder Furcht hat. Angst stellt für die meisten Menschen ein großes Problem dar, für das sie schnellstmöglich eine Lösung anstreben. Welche Lösungen könntest Du Deiner Zielgruppe anbieten, die ihre Angst geringer macht oder bestenfalls sogar auflöst?

Anschließend prüfe, ob Du ein Produkt findest, dass für die Zielgruppe neu wäre. Überlege, ob Du vielleicht durch die Kombination von bereits Vorhandenem Neues kreieren kannst.

Gibt es etwas, das bei Deiner Zielgruppe Wut oder Ärger auslöst? Welche Lösung kannst Du Deiner Zielgruppe anbieten, um deren Ärger zu minimieren oder sogar aufzulösen?

Die Krönung wäre es, wenn Du eine Lösung für alle drei Grundbedürfnisse Deiner Zielgruppe finden könntest. Dein Produkt löst Angst/

Furcht aus und wirkt ebenso gegen Ärger und Wut. Und genau das macht es zu etwas Neuem.

Sobald Du eine Problemlösung für Deine Zielgruppe gefunden hast, besetzt Du eine Nische und kannst einen Expertenstatus generieren.

Meine Klientin Irene ist Zahnärztin. Sie hat Zusatzausbildungen für Hypnose und Entspannungstechniken gemacht und sich mit diesem neuen Zweig auf Angstpatienten spezialisiert. Damit ist sie sehr erfolgreich.

Mein Klient Sven hat sich als Physiotherapeut und Masseur darauf spezialisiert, in Firmen Kurzmassagen anzubieten. Die Mitarbeiter brauchen sich nicht ausziehen. Er hat einen speziellen klappbaren Stuhl, den er in einem Firmenraum aufstellen kann. Auf seinen Flyern findet sich die Ankündigung: „Stress sitzt Dir im Nacken, Sorgen drücken auf Deine Schultern, Wut macht Verspannungen …"

Anhand der Beispiele kannst Du erkennen, dass Du durch kleine Änderungen und Modifikationen ein Produkt entwickeln kannst, dass als speziell wahrgenommen wird und die von Dir präferierte Zielgruppe anspricht.

Fragen zur Ergänzung der Kombination Produkt und Zielgruppe

? Inwiefern unterscheidet sich Dein Produkt zu ähnlichen Produkten Deiner Mitbewerber?

? Gibt es einen Bereich Deiner Zielgruppe, auf den Dein Produkt zugeschnitten ist?

? Für welche Zielgruppe kannst Du deren Probleme wirklich beurteilen?

? Welche Kundenprobleme hast Du bisher gelöst? – Gibt es eine Möglichkeit der Spezialisierung?

? Was sind Deine Stärken? – Kannst Du daraus Spezialisierungen ableiten?

? Welche Deiner Tätigkeiten liebst Du besonders – Wie kannst Du eine Spezialisierung daraus machen?

? Aus welchem Gebiet verfügst Du über so etwas wie Expertenwissen?

? Welche neuen Kombinationsmöglichkeiten sind denkbar?

? Was kannst Du anbieten, das für Deine Kunden einen Nutzen darstellt?

? Welche Kombination Deiner bestehenden Produkte oder Dienstleistungen wären möglich?

? Welche Kombination Deiner bestehenden Produkte löst das Problem Deiner Zielgruppe?

Wie willst Du den Kundennutzen kommunizieren?

Um den Nutzen für Deinen Kunden benennen zu können, ist es sinnvoll, wenn Du Dir Deine Ausarbeitungen über die von Dir gefundenen Lösungen für die Probleme Deiner Kunden nochmals durchliest. Stelle die Kundenprobleme nun den von Dir gefundenen Lösungen gegenüber.

Ich habe zum Beispiel folgende Probleme meiner Kunden identifiziert:

- Sie wissen nicht, was ihre Berufung ist und/oder trauen sich nicht, diese zu leben.
- Sie wissen nicht, was ihre persönliche Besonderheit ausmacht.
- Sie kennen ihre Lebensaufgabe nicht und/oder wissen nicht, wie sie diese umsetzen können.
- Sie haben Schwierigkeiten, konkrete Ziele zu formulieren.
- Sie besitzen keine Strategie für die Umsetzung.
- Sie bringen nicht genug innere Motivation für die Umsetzung auf.

Nun stelle die Lösungen für die Probleme Deiner Kunden daneben. Meine für die o. g. Liste wären:

- intensives persönliches Mentoring mit individuellem Kontakt
- maßgeschneiderte Lösungen anstatt Produkte für Autodidakten
- ein System, welches eine Strategie und genügend Motivationsenergie liefert, damit die Umsetzung garantiert werden kann

Bei der Benennung des Kundennutzens geht es um die Antwort auf die Frage: Aus welchem Grund sollte Dein Kunde gerade bei Dir genau dieses Produkt kaufen?

Um eine Kaufentscheidung treffen zu können, muss der Kunde den Nutzen für sich erkennen können. Der Hauptgrund für eine Kaufentscheidung gründet auf Vertrauen und Sympathie. Nun haben wir hier zwei Ebenen, die wir betrachten müssen: Dich und Dein Produkt. Und selbstverständlich vermischen sich diese beiden Ebenen in der Kommunikation immer wieder.

Bezüglich Deines Produktes wird sich Dein Kunde Fragen stellen, z. B.:

- Was bringt es mir, das zu haben oder zu tun?
- Wozu ist das gut für mich?
- Brauche ich das wirklich?
- Was kann ich damit machen/erreichen?
- Wohin wird es mich führen?
- Welche meiner Ziele kann ich mit diesem Produkt erreichen? Hilft es mir, meine Ziele zu erreichen?
- Dient das Produkt der Lösung meines Problems?

Ich habe für mich folgenden Produktnutzen für mein Angebot herausgearbeitet:

- Eine intensive Begleitung bringt dem Kunden Sicherheit.
- Die individuelle Arbeit bringt individuelle Ergebnisse und Schnelligkeit.
- Das Produktgefüge sorgt für Energie und Motivation beim Kunden auf seinem Weg.
- Intensives Mentoring bringt Freundschaft und Liebe.
- Das Produktsystem liefert die nötigen Strategien.

Mit der Beantwortung seiner Fragen zum Produkt wird Dein Kunde wissen, ob er echtes Interesse daran hat. Falls dies zutrifft, wird er nun klären, ob er das Produkt bei Dir kaufen will.

In dieser Entscheidungssituation fragt sich der Kunde, ob Du in der Lage bist, sein Problem zu lösen, und sucht nach Beweisen dafür oder dagegen. Er wird für sich beurteilen, ob er Dir glaubt, dass Du über ausreichend Erfahrung und Wissen auf Deinem Gebiet verfügst.

Er wird sich fragen:

- Kann ich diesem Anbieter vertrauen?
- Ist mir dieser Anbieter sympathisch?
- Kann ich mich auf diesen Anbieter verlassen?

Die meisten Kunden werden an dieser Stelle den direkten Kontakt zu Dir suchen. Sie werden Dich sehen wollen – meistens virtuell über Bilder oder Webinare im Internet. Und/oder sie werden mit Dir sprechen wollen, am Telefon oder in einem direkten persönlichen Gespräch. Viele Kunden lesen auch die Bewertungen und Erfahrungsberichte anderer Kunden, soweit diese vorhanden sind.

Der Kunde bildet sich seine Meinung darüber, wie sicher, kongruent und überzeugend Dein Auftreten ist. Der Kunde muss spüren, dass Du voll hinter Deinem Produkt stehst und es selbst kaufen würdest. Wenn Du selbst bei Dir kaufen würdest, kannst Du benennen, aus welchen Gründen Du das tätest? Und genau das gilt es, jetzt in Worte zu fassen, um dann den Text immer weiter zu verkürzen, indem Du die Informationen immer weiter komprimierst.

Dein Kunde sollte in Deinen schriftlichen Angeboten, z. B. auf Deiner Internetseite oder in einer Anzeige, sofort sehen können, was Du anbietest und wozu es dient. Ein sofortiges Verständnis Deines Angebotes ist wichtig, damit Du wahrgenommen wirst. Bemühe Dich auch um Formulierungen, die auf die Qualität Deiner Produkte und Angebote hinweisen.

Ich habe z.B. meine Liste zum Produktnutzens in dem Wort Umsetzungsgarantie zusammengefasst. Wenn potenzielle Kunden dieses Wort lesen, werden sie sich zwangsläufig fragen, was sich dahinter verbirgt. Dies können sie auf meiner Internetseite oder in der Kommunikation mit mir erfahren.

Ich hoffe, meine Beispiele haben Dir geholfen, dass Du jetzt Deinen Listen vergleichen und bearbeiten kannst. Definiere den Kundennutzen Deines Produktes und verkürze die Sätze immer weiter. Falls möglich, hole Dir von außen Feedback ein. Gebe Dich nicht damit zufrieden, falls Du hören solltest: „Hört sich ganz gut an." Frage weiter, was an Deinem Produkt gut ist, wie Dein Gegenüber es beschreiben würde.

Bringe jetzt bitte Deine Erkenntnisse der vorherigen Kapitel zusammen:

Für wen bietest Du was an und aus welchem Grund?

Ich arbeite für ....

und biete an ....

Mein Kunde hat davon folgenden Nutzen: ....

....

....

Wie treffen Du und Deine Kunden Entscheidungen?

„Jede Entscheidung für etwas ist eine Entscheidung gegen alles andere."
(Verfasser unbekannt)

Die Informationen darüber, wie Menschen Entscheidungen treffen und welche Beweggründe sie haben mögen, sollen Dich unterstützen, Deine bereits gefundenen Erkenntnisse erneut zu prüfen. Sind die Sätze klar genug formuliert, kann der Kunde sofort eine Entscheidung treffen:

- interessiert mich
- könnte mir helfen
- will ich haben oder buchen

Wie Dr. Hans-Georg Häusel durch seine Forschungen nachgewiesen hat, werden von uns fast alle Entscheidungen emotional getroffen und erst danach rational begründet. Die individuellen Glaubenssätze eines jeden Menschen beeinflussen den Wahrnehmungsfokus und bestimmen damit auch die Richtung der Entscheidung.

Um eine Entscheidung zu treffen, so Dr. Häusel, bewerten wir die Situation und gehen dann in die Handlung. Nur 1 bis 30 Prozent des Entscheidungsprozesses läuft bewusst ab, 70 bis 99 Prozent sind unbewusst.

Um sich für oder gegen etwas zu entscheiden, braucht es ein Grundmotiv, damit unsere Bedürfnisse befriedigt werden.

Die Worte Grundmotive und Grundbedürfnisse werden in der Psychologie oft synonym benutzt. Sie werden von der Bedürfnishierarchie (besser bekannt unter dem Namen Bedürfnispyramide) des amerikanischen Psychologen Abraham Maslow abgeleitet. Er beschreibt die menschlichen Bedürfnisse und Motivationen (in einer hierarchischen Struktur) und versucht, diese zu erklären. Viele Psychologen haben diese Bedürfnispyramide weiterentwickelt und in ihre Arbeit aufgenommen.

Meine persönliche Grundmotiv-Auswahl lautet:

- Sicherheit
- Freiheit
- Bedeutung und Anerkennung
- Liebe und Zugehörigkeit
- spirituelles Wachstum
- Beitrag leisten, Lebenssinn

Aus meiner Erfahrung weiß ich, dass für viele Menschen Spannungen zwischen den Grundmotiven bestehen. So gibt es zum Beispiel keine sichere Freiheit oder freie Sicherheit. Man könnte sogar so weit gehen, zu behaupten: Freiheit stirbt mit Sicherheit.

Wenn Sicherheit Dein Grundmotiv ist, dann wirst Du bei allen Entscheidungen im Leben bemüht sein, die größtmögliche Sicherheit zu erreichen. Deine Möglichkeit, Neues zu lernen, ist mit dieser Haltung eingeschränkt. Ohne Risiko gibt es keine Herausforderung. Außerdem können durch diese Haltung kleinere Probleme eine immer größere Bedeutung bekommen. Ich bin überzeugt davon, dass Menschen, die immer größere Sicherheit anstreben, immer unsicherer werden.

Auch Deine Kunden entscheiden anhand dieser Grundmotive. Die emotionale Persönlichkeitsstruktur hat einen großen Einfluss auf das Produktinteresse. Weiterführende Informationen über die emotionale Persönlichkeitsstruktur findest Du im Kapitel 7 „Deine Persönlichkeit“.

Wenn Du Dich damit beschäftigst und herausfindest, wie Deine Kunden Entscheidungen treffen, kannst Du in Deinen Werbetexten und Kundenansprachen auf diese Punkte eingehen. Damit erhöhst Du Deine Chancen, von Deinen Kunden besser wahrgenommen zu werden.

Ergänzungsfragen zur Entscheidungsfindung

- ? Welche emotionale Seite haben Deine Produkte oder Dienstleistungen?
- ? Kannst Du die emotionale Seite Deiner Produkte oder Dienstleistungen erhöhen?
- ? Welche Grundmotive/Grundbedürfnisse werden mit Deinen Produkten angesprochen?
- ? Ist es möglich, Deine Produktformulierungen so anzupassen, dass mehrere Grundbedürfnisse/Grundmotive erfüllt werden?

Positionierung über den günstigsten Preis

„Armut ist keine Schande – Reichtum auch nicht."
(Curt Goetz)

Es ist nachvollziehbar, dass Kostenersparnis im Interesse vieler Kunden liegt. Trotzdem bin ich der Ansicht, dass für die meisten Kleinstunternehmer die Positionierung über den Preis aus kaufmännischer Sicht nicht sinnvoll ist. Etwas über den Preis zu verkaufen, macht für mich nur dann Sinn, wenn das Produkt ein Verfallsdatum hat. Wenn Deine Dienstleistung z. B. darin besteht, einen Kundencomputer fit für den Jahreswechsel zu machen, dann ist es wie mit dem Verkauf von Kalendern: Die sind auch spätestens im Februar nicht mehr gefragt.

Viele meiner Kunden, die ihre Produkte „billig" anboten, hatten ein Problem mit ihrem Selbstwert und zeigten ihr Defizit über ihre niedrigen Preise nach außen. Einige Dienstleister unter ihnen verkauften z. B. wie bei der Erwerbstätigkeit nur Zeit gegen Geld und bezogen ihre Leistung nicht mit ein. Die Erklärung dafür lautet dann oft: „Zeit ist Geld." Für mich ist das nur die halbe Wahrheit, denn Zeit ist Leben, Dein Leben – und das ist wertvoll.

Solltest Du darüber nachdenken, Deine Positionierung über einen günstigen Preis auszurichten, dann bedenke dabei, dass es viele Menschen gibt, die glauben: „Was billig ist, taugt nicht viel."

Auch ist es meiner Ansicht nach nicht realistisch, möglichst hohe Fantasiepreise anzusetzen, die nicht in Relation zum Produkt stehen. Oft wird hier argumentiert, dass z. B. Apple mit dieser Strategie ganz wunderbar auf dem Markt positioniert ist. Ja, wenn Du Dich als Marke im Markt etabliert hast, dann kannst Du es Dir leisten, zu testen, wie hoch Du Deine Preise setzen kannst. Zu Beginn halte ich das nicht für besonders sinnvoll.

Um ein Gefühl für Deine Preisgestaltung zu bekommen, recherchiere, welche Preise die Unternehmen anbieten, die ähnliche Produkte offerieren wie Du. Auch kannst Du Preise/Honorare über Berufsverbände abfragen. Achte bei der Recherche Deiner Mitbewerber auch darauf, ob Du Deine Produkte überwiegend regional beschränkt oder überregional anbietest, vergleiche immer mit den Preisen ähnlicher Kleinstunternehmen.

Ich habe die Erfahrung gemacht, dass Kunden auf eine unterschiedliche Preisgestaltung ähnlicher Produktangebote völlig subjektiv reagieren. Vor einigen Jahren wohnte und arbeitete ich in einem Vorort von Bremen. In der näheren Umgebung gab es eine mit mir befreundete Heilpraktikerin für Psychotherapie, die die gleichen Themenseminare wie ich anbot. Sie arbeitete sogar mit einer Kollegin gemeinsam im Seminar. Die beiden boten ihre Leistungen für ein Drittel meiner Preise an. Ich sprach die Kollegin darauf an. Sie erklärte mir, dass ihre Kunden nicht viel Geld hätten, dass sie ihre Geldknappheit immer wieder thematisieren und sich deshalb selbst über den Billigpreis beschweren würden. In unserer Unterhaltung stellten wir allerdings fest, dass es sehr wohl einige gemeinsame Kunden gab. Bei mir zahlten diese Kunden ohne Diskussion einen höheren Preis und beklagten sich diesbezüglich auch nie.

Über eine Recherche wird es Dir sicher gelingen, ein gutes Preis-Leistungs-Verhältnis festzulegen, unter Einbeziehung aller für Dich relevanten kaufmännischen Gesichtspunkte. Deine Preisgestaltung sollte für Dich so sein, dass alle Kosten bezahlt werden können und Du darüber hinaus festlegst, wie hoch Dein Gewinn sein soll.

Ergänzungsfragen zur Positionierung über den günstigsten Preis

? Woran orientierst Du Deine Preise?

? Ist Deine Persönlichkeit so gefestigt, dass Du Deine Preise verdienst?

? Welche limitierenden Glaubenssätze hast Du über Geld?

? Aus welchem Grund glaubst Du, Rabatte geben zu müssen?

? Hast Du eine gute Preisverhandlungsstrategie?

? Würdest Du selbst Deine Produkte zu Deinen Preisen kaufen?

Positionierung als Marke

„Gehe nicht, wohin der Weg führen mag, sondern dorthin, wo kein Weg ist und hinterlasse Spuren." (Jean Paul)

Es mag sein, dass Du jetzt vor Deinen Ausarbeitungen sitzt und resigniert feststellst: „Meine bisherigen Lösungen reichen noch nicht aus, um wirklich als Besonderheit wahrgenommen zu werden." In diesem Fall ist es für Dich sinnvoll, Dich als Marke zu positionieren.

Die Bedeutung der Markenpositionierung möchte ich aus der Warenwelt ableiten. Hier gibt es Markenprodukte, die gekauft werden, weil sie eben „meine" Marke sind. So gibt es die Kunden für Coca-Cola und die Kunden für Pepsi-Cola. Jede dieser Kundengruppen schwört auf ihre Marke.

Wenn Du Dich als Marke positionieren willst, sollte das einen ähnlichen Effekt haben. Es sollte Dir gelingen, dass Deinen Zielgruppenkunden Dein Name sofort assoziativ einfällt, wenn sie an Dein Produkt denken. Damit dies eintritt – wirst Du dafür sorgen, dass Dein Produkt Dein Gesicht trägt.

Wenn Dein Dienstleistungsangebot mit dem Deiner Konkurrenz sehr deckungsgleich ist und Du zudem noch (oder gerade deswegen) auf eine ähnliche bis gleiche Zielgruppe ausgerichtet bist wie Deine Mitbewerber, kommst Du für mich an der Markenbildung nicht vorbei, wenn Du erfolgreich sein willst.

Jeder Mensch ist ein Unikat mit jeweils anderen Vorgehensweisen, anderen Eigenschaften, anderen Lösungsansätzen. Dies wird allerdings, von außen betrachtet, nicht wahrgenommen werden können.

Wenn Du Dich entscheidest, aus Dir eine Marke zu machen, dann stellst Du Dich in den Fokus der Öffentlichkeit. Dies erfordert Mut und ein stabiles Selbstvertrauen. Ich gehe so weit, zu behaupten, dass es dafür eine wirklich gefestigte Persönlichkeit braucht. Um eine solche zu werden oder zu bleiben, ist für mich Persönlichkeitsentwicklung eine Grundvoraussetzung. Aus diesem Grund könnte für Dich Kapitel 7 über Persönlichkeit wichtig sein. Dies gilt ganz besonders dann, wenn Du zu den „Netten", den Angepassten, den Harmonisierern oder den Mutlosen gehörst. Ich bin sicher, als Marke musst Du polarisieren.

Als Marke muss es Dir möglich sein, Dich selbstbewusst zu präsentieren. Du wirst immer und überall dafür sorgen, dass Du bekannt wirst. Hierfür ergreifst Du jede Chance, die sich Dir bietet, und Du suchst auch offensiv danach. Du wirst immer dafür sorgen, dass das Besondere an Dir nach außen strahlt und wahrgenommen wird.

Bei dieser Positionierungsart können wir es uns nicht leisten, Mittelmaß zu sein. Dies ist in dieser Konstellation nicht ausreichend, denn die Resonanz braucht hier das Besondere, das Herausragende, das Einzigartige.

Ein anschauliches Beispiel ist der Trainer und Speaker Peter Brandl. Er hat als Kommunikationstrainer gearbeitet. Sein Hobby war die Fliegerei. Lange war er der Meinung, es sei seine Berufung, als Berufspilot zu arbeiten. Als die Ausbildung noch lief, war er überzeugt von seiner Berufung. Bei einer seiner Flugstunden durfte ich dabei sein. Er flog mich gemeinsam mit seinem Fluglehrer in einem kleinen Flugzeug von Friedrichshafen nach Stuttgart. Dort stieg ich in die Linienmaschine nach Bremen um. Es hat so viel Freude gemacht und ist mir bis heute in Erinnerung geblieben, weil jeder Flugpassagier im Privatkundenterminal eine besonders aufmerksame Behandlung erfuhr. Peter hat sehr viel Geld, sehr viel Zeit und sehr viel Energie für diese Ausbildung aufgewendet. Dann hatte er es geschafft und sehr schnell eine Anstellung als Berufspilot. Nach recht kurzer Zeit wurde ihm jedoch klar, dass es eben nicht seine Berufung war, was er da tat. Ihm fehlten die Trainingseinheiten mit den Kunden, die Arbeit auf der Bühne aus seiner Zeit als Kommunikationstrainer. Er wechselte allerdings nicht einfach wieder in seinen Fachbereich der Kommunikation, sondern positionierte sich neu, indem er die Sprache der Piloten als Grundlage für eine gute Kommunikation ins Zentrum seines Trainings stellte. Er hat inzwischen mehrere Bücher geschrieben (siehe Literaturverzeichnis), Audioserien verfasst und gehört zu den bekanntesten Top-Speakern in Deutschland. Seine Vortagspräsentation eröffnete er oft mit den Worten: „Sie wissen, ich bin Pilot, also erwarten Sie Flugzeuge" – Dann zeigt er das Bild von einem solchen. Peter hat es auf beiden Gebieten geschafft, dem der Kommunikation und dem der Fliegerei, als Experte zu gelten. Er ist in der Presse oft mit beiden Themen vertreten und trat mit diesen Themen bereits in mehreren Radio- und Fernsehsendungen auf. Sein Markenzeichen ist es, die klare Kommunikation, die im Cockpit eines Flugzeuges nötig ist, damit es nicht zur Katastrophe kommt, auf die Wirtschaft zu übertragen. Daneben zeigt er auf, wie wichtig es ist, eigene Entscheidungen zu treffen, dazu zu stehen und sie schnellstmöglich umzusetzen. Das kombiniert er vorzüglich mit seiner jahrzehntelangen Erfahrung der Kommunikationspsychologie.

Ich hoffe das Beispiel macht Dir deutlich, dass es für Dich wichtig ist, Dich selbst als etwas Besonderes anzusehen, damit Du das ausstrahlen kannst. Denn nur dann können andere Menschen das auch wahrnehmen.

Aus Erfahrung weiß ich, dass es im Außenkontakt zwangsläufig dazu kommen wird, dass sich zwei Lager bilden: ein Lager mit den Menschen, die Dich lieben, und das andere mit denjenigen, die Dich ablehnen. Bezüglich einer Marke habe ich noch nie eine neutrale Äußerung gehört.

Es wäre für Dich wünschenswert, wenn Du für Dich früh genug Strategien entwickelst, wie Du mit diesen Pros und Kontras zu Deiner Person umgehen willst. Gerne erkläre ich Dir meine persönliche Strategie hierzu, damit Du prüfen kannst, ob das gegebenenfalls auch für Dich passt. Ich mache mir in solchen Momenten klar: Der andere hat ein Problem mit mir – ich habe keines – es ist also sein Problem, er darf es behalten und lösen.

Eine zusätzliche Möglichkeit, die ich auch gerne nutze, ist die Bewusstmachung der Projektionen, die bei Auseinandersetzungen sichtbar werden. Ich habe gelernt, dass es immer, wenn ein Mensch mit Wut reagiert, um Projektionen geht. Die Auflösungssätze von Siegmund Freud für diese lauten: „Das, was uns am anderen stört, ist das eigene größte Problem. In 98 % der Fälle ist es das Gleiche, in 2 % der Fälle das absolute Gegenteil."

Du kannst Dich mit folgender Technik unterstützen, die Projektion zu hinterfragen. Lasse die Situation, die Du erlebt hast, nochmals vor Deinem inneren Auge ablaufen. – Was ist passiert? Wer hat was gesagt? Dann versetze Dich in Dein Gegenüber hinein, und sehe, höre, fühle die Situation nochmals aus deren Position. Dann versetze Dich bitte in eine weitere außenstehende Person, nimm eine Beobachterposition (Metaposition) ein. Sehe, höre, fühle, was zwischen den beiden Kontrahenten geschieht. Was ist ihr Problem? Worum genau geht es ihnen? Aus Erfahrung weiß ich, dass es ganz oft darum geht, dass beide Parteien Recht haben möchten. Wenn Du über diese Technik Dein eigenes Problem erkennen kannst, kannst Du es lösen. Du kannst Dir Gedanken machen, wie Du Dich in Zukunft in solchen Situationen verhalten möchtest. Wenn Du für Dich festgelegt hast, wie für Dich die Situation optimal wäre, drehe daraus einen kleinen inneren Film, den Du Dir mehrfach ansehen kannst. Triff in Dir die Entscheidung, Dich beim nächsten Mal entsprechend anders zu verhalten. Je mehr Projektionen Du auf diese Weise auflöst, je einfacher wird es in der Zukunft für Dich sein.

Hast Du Dich als Marke einmal positioniert, dann ist meiner Meinung nach die Kontinuität von entscheidender Bedeutung. Nur durch Beständigkeit kannst Du Dich nachhaltig im Motiv- und Wertegefühl Deiner Zielgruppe positionieren. Damit Dir dies klarer wird, schaue Dir nochmals Deine Aufzeichnungen Deiner Persona nach Werte-Zuordnung an. Wenn Du die Möglichkeit hast, kannst Du eine Kundenumfrage der Motive und Werte bei Deiner Zielgruppe durchführen, damit Du Deine eigene Einschätzung damit überprüfen und anpassen kannst.

Kontinuität ist wichtig, damit Deine Zielgruppe Vertrauen zu Dir aufbauen kann. Hast Du also Deine Positionierung gefunden, so solltest Du diese über eine lange Zeit nicht mehr ändern, damit sich über die Beständigkeit Vertrauen herstellen kann. Ich bin überzeugt, dass wir uns selbst treu bleiben müssen, um Kundentreue aufbauen zu können. Nur so kann sich unser Tun für den Kunden verlässlich anfühlen und zum Gefühl des Vertrauens erweitert werden.

Das Kundenvertrauen ist mir deshalb so wichtig, weil unsere Kunden darüber entscheiden werden, ob wir erfolgreich werden und bleiben oder nicht.

Fragen zur Festlegung als Eigenmarke

- ? Was macht Dich zum Unikat? – Was macht Dich besonders?
- ? Hast Du den Mut, Dich als Marke zu positionieren?
- ? Ist Deine Persönlichkeit für eine Markenpositionierung ausreichend gefestigt?
- ? Verfügst Du über ausreichend Selbstvertrauen, um Dich als Marke zu positionieren?
- ? Wie stehst Du dazu, dass Dein Erfolg Dein Gesicht tragen soll?
- ? Bist Du eine Erfolgspersönlichkeit?
- ? Für welche Werte stehst Du?
- ? Welche Grundmotive herrschen bei Dir selbst vor?

5 Die ersten Schritte zur Erarbeitung und zur Umsetzung Deiner Berufungs-Positionierung

Du hast jetzt viele Aufzeichnungen darüber, WAS Deine Berufung ist und WIE Du Dich mit dieser positionieren willst. Nun ist es Deine Aufgabe, diese Informationen zusammenzubringen. Es braucht hier sicherlich keine weiteren Erklärungen, Du wirst genügend Ideen entwickeln können.

Schreibe für Dich eine erste Zusammenfassung. Dann beginne damit, den Text zu kürzen. Hole die Essenz aus dem Text und komprimiere die Information immer weiter.

Fragen zur Klärung der Berufungs-Positionierung

? Wie kannst Du Deine Berufung positionieren?

? Warum soll der Kunde bei Dir kaufen oder buchen und nicht bei einem Mitbewerber?

? Was ist der zentrale Unterschied, die Einzigartigkeit Deiner Produkte/Dienstleistungen?

? Wie willst Du diese Einzigartigkeit kommunizieren?

? Wer ist Dein größter Konkurrent? Was bietet dieser im Gegensatz zu Dir an Einzigartigkeit?

? Was ist an Dir und Deiner Art die Besonderheit?

5.1 Kreiere Deinen Elevator Pitch für die Kommunikation im Außen

Dir liegt bereits Deine Ausarbeitung vor, wie Du den Kundennutzen nach außen kommunizieren willst. Ich möchte Dich jetzt bitten, diese Ausarbeitung noch weiter zu modifizieren. Aus Erfahrung weiß ich, dass diese Texte, trotz Kürzungen, oftmals immer noch zu lang sind. Ein Gesprächspartner, der genügend Zeit hat, wird Dir sicherlich gerne auch länger zuhören.

In meinem Erleben stellt es sich jedoch meist so dar, dass viele Menschen sich wenig Zeit nehmen, um einem Gesprächspartner zuzuhören. Aus diesem Grunde ist es überaus sinnvoll, wenn Du Deinen Text weiter auf drei kurze Sätze verkürzt. Diese drei Sätze kannst Du dann als Antwort präsentieren auf die Frage: „Was machst Du beruflich?

Für die sinnvolle Anordnung sollte Dein Kurztext folgende Bestandteile enthalten:

Ich arbeite für – Zielgruppe
Und mache – Unternehmensziel
Wozu – Kundennutzen

Deine drei Sätze stellen Deinen „Elevator Pitch" dar. Der Name leitet sich von einem angenommenen Fahrstuhlgespräch ab, in welchem Du nach Deinem Beruf gefragt wirst. Deine Antwort sollte so ausfallen, dass Dein Gesprächspartner sie vollständig hören kann, bevor er den Fahrstuhl verlässt:

Um Dir ein Beispiel zu geben, kommt hier mein Elevator Pitch:

> *„Ich arbeite für Selbstständige und Freiberufler und Gründer – somit für Kleinstunternehmer.*
>
> *Ich unterstütze meine Klienten dabei, ihre Berufung zu finden und sich mit dieser authentisch zu positionieren.*
>
> *Mein Coaching-System stellt eine so intensive Begleitung sicher, dass die Umsetzung garantiert ist."*

Du wirst an diesen Sätzen zu Beginn immer wieder Änderungen vornehmen, bis sie endlich in einer Form vorliegen, dass sie für Dich absolut passen und Du sie im Gedächtnis behalten kannst, damit Du sie parat hast, wenn Du nach Deiner Tätigkeit gefragt wirst. Weitere Änderungen der Sätze ergeben sich in der Folge, da Du Dich durch die Arbeit an Dir und Deiner Berufungs-Positionierung ständig weiter entwickelst.

Den Text kannst du noch weiter komprimieren, indem Du eine Aussage bildest, die Du dann mit auf Deine Visitenkarte bringen kannst. So kann jeder, dem Du Deine Karte übereichst, sich auch zu späterer Zeit noch erinnern, was Du machst. Auf meiner Visitenkarte steht: Positionierungsmarketing mit Berufung als Fundament für Umsetzungsgarantie.

5.2 Strategische Schritte durch Zielsetzungen festlegen

„Menschen die Lebensziele haben, leben länger."
(Victor Frankl)

Du hast für Dich die erste Fassung dessen erstellt, WAS Deine Berufung ist und WIE Du Dich damit positionieren willst. Für die ersten Schritte der Umsetzung brauchst Du eine Strategie. Du solltest festlegen, in welcher Reihenfolge Du weiter vorgehen willst. Anschließend ist es sinnvoll, aus den einzelnen Schritten konkrete Ziele zu entwickeln, damit Du diese auch erreichen kannst.

Ich unterstelle, dass Du bereits einiges über Ziele weißt, und werde darauf nicht ausführlich eingehen. Solltest Du weitere Informationen benötigen, melde Dich bitte bei mir mit Deinen Fragen.

Brian Tracy behauptet in seinem Seminar über Erfolgspsychologie, dass 80 bis 90 Prozent der Menschen, die sich keine Ziele setzen, unglücklich sind. Weiter erklärt er, dass wir durch die Entscheidung, neue Ziele zu erreichen, gezwungen sind, weiter zu lernen. Unsere Lernfähigkeit lässt sich trainieren wie ein Muskel, sodass wir aktiver im Geist werden, je mehr wir lernen. Je mehr Aktivität und Vitalität wir haben, desto gesünder sind wir und desto länger leben wir. Es scheint somit einen Zusammenhang zwischen Lernen und einem langen Leben zu geben.

Ich möchte Dich im Folgenden an die Zielkriterien erinnern, damit Du sie in Deinen Zielformulierungen berücksichtigen kannst. Die konkrete Zielformulierung halte ich deshalb für wichtig, weil unser Unterbewusstsein dafür sorgen wird, dass wir genau das bekommen, was wir uns zum Ziel gesetzt haben.

Zielkriterien:

1. Den Zielsatz positiv formulieren.
2. Das Ziel muss aus eigener Kraft erreichbar sein.
3. Die Zielerreichung muss innerhalb unserer Fähigkeiten für die Umsetzung liegen.
4. Die Zielformulierung muss so sein, dass wir an deren Umsetzung glauben können.
5. Zielformulierungen sollten Umsetzungsenergie haben:
   ich bin ..., ich habe ...;
   offener: ich werde ... sein, ich werde ... haben
6. Das Ziel sollte für alle Beteiligten von Vorteil sein.
7. Das Ziel muss sinnspezifisch erlebbar sein, sodass Du Dir die Umsetzung mit allen Sinnen – Sehen, Hören, Fühlen, Riechen, Schmecken – vorstellen kannst.

Die größten Fehler hinsichtlich der Zielformulierungen liegen darin, dass sie in der Möglichkeitsform genannt werden. Wenn Du Sätze bildest, die mit „Ich will ...“; „Ich möchte ...“ oder „Ich hätte so gerne ...“ beginnen ,dann ist das Ziel augenblicklich erreicht. Deine Betonung liegt dann nämlich auf der Möglichkeitsform. Und Du darfst ein Leben lang „wollen“ wollen. Der dazugehörige Leitsatz, den ich in meinen Ausbildungen gelernt habe, heißt: „Wollen entfernt vom Gewollten.“

Ich verdeutliche es an zwei Beispielsätzen: Wenn Dein Zielsatz lauten würde: „Ich will meine Berufung als Coach leben.“ oder „Ich will abnehmen.“ In beiden Fällen wird Dein Unterbewusstsein alles tun, um Deine „Befehle“ in die Tat umzusetzen. Bei beiden Zielsätzen wird es gar nichts tun, denn wenn Du tatsächlich Deine Berufung leben oder abnehmen würdest, könntest Du dies nicht mehr wollen.

Reihenfolge bei der Zielbearbeitung:

1. Das Ziel genau definieren.
2. Will ich das Ziel wirklich erreichen?
   (Sekundärgewinn des IST-Zustandes klären)
3. Aus welchem Grund will ich das Ziel erreichen?
   (innere Motivation klären)
4. Wie erreiche ich das Ziel? – (Schritte festlegen)

Beim Punkt zwei weise ich auf einen Sekundärgewinn hin. Ich habe gelernt, dass jeder Zustand, auch wenn er uns noch so unmöglich erscheint, von uns gewollt ist. Wir verbleiben darin, weil unsere Psyche sich einen gewissen Vorteil davon verspricht. Dieser ist dann nicht logisch begründet, sondern psychologisch.

Plagen Dich z. B., Kopfschmerzen, wirst Du von der Logik her sicher keinen Gewinn darin sehen. Von der Psycho-Logik her kannst Du dann vielleicht nicht mehr so viel denken, aber genau das ist der Gewinn, den die Psyche angestrebt hat.

Der genannte Sekundärgewinn bezieht sich somit nicht auf Dein Ziel, sondern auf den IST-Zustand, in dem Du das Ziel noch nicht erreicht hast.

Die Frage nach dem Grund für die Zielerreichung soll Dich unterstützen, in Deinem Inneren eine Motivation aufzubauen. Diese Motivation soll Dir helfen, die Ausdauer aufzubauen, die es braucht, um Deine Ziele auch umzusetzen

Eine weitere gute Unterstützung bei der Zielbearbeitung stellt der Paradigmenwechsel dar. Du formulierst Dein Ziel und tust dann so, als hättest Du es bereits erreicht. Stell Dir bitte vor, Du hättest Deine Berufungs-Positionierung bereits umgesetzt und bist bereits ein halbes Jahr in Deinem Bereich tätig. Fühle nach, wie dankbar Du bist, dass Du Deine Ziele verwirklicht hast. Lass Dich von Deinem Unterbewusstsein unterstützen, lerne vom Ziel aus zu denken: Wie genau bist Du dahin gekommen, welche Schritte waren notwendig?

Fragen, um mehr Klarheit bei Deinen Zielformulierungen zu erreichen

? Was sind die ersten sinnvollen Schritte zur Umsetzung Deiner Berufungs-Positionierung?

? Wie kannst Du aus Deinen Wünschen Ziele formulieren?

? Wie kannst Du große Ziele unterteilen und Unterziele formulieren?

? Welche Ziele verfolgst Du mit dem Wissen um Deine Berufungs-Positionierung?

? Hast Du Deinen Zeitfaktor mit eingerechnet? – Hast Du Zeit für die Zielumsetzung?

? Benötigst Du noch etwas, um in die Umsetzungsphase zu starten?

? Womit willst Du beginnen? – und wann genau wird das sein?

Ich beginne mit dem Kapitel über die allgemeinen Erfolgsgesetze. Dann beschreibe ich die Persönlichkeit, erläutere typische Hindernisse und gebe Tipps, wie Du diese überwinden kannst. Den Abschluss bilden die Erfolgskatalysatoren.

An dieser Stelle entscheide bitte aufgrund Deiner eigenen Prioritäten und Vorlieben, ob und in welcher Reihenfolge Du die Themen bearbeiten willst.

6 Die wichtigsten Gesetze des Lebenserfolges

„Das Universum ist eine riesige Kopiermaschine unserer Gedanken. Wollen wir, dass sich eine Sache ändert, müssen wir aufhören die dazugehörigen Gedanken auf den Kopierer zu legen."
(Neale Donald Walsch)

Ich bin davon überzeugt, dass diese Gesetzmäßigkeiten die Grundvoraussetzungen sind, um erfolgreich zu werden und zu bleiben. Deshalb führe ich kurz aus, was die einzelnen Gesetzmäßigkeiten mit dem individuellen Erfolg zu tun haben. Unser Bewusstsein lebt in der Polarität (Gesetz der Polarität), obwohl in Wirklichkeit alles eins ist. Unser Instrument, die Polarität real zu erzeugen, sind Bewertungen, und diese stellen das Fundament all unserer Probleme dar, weil wir damit entscheiden, es anders haben zu wollen, als es nun einmal in der Realität ist.

Erfolg kann sich nur einstellen, wenn wir, gestützt durch unsere persönlichen Glaubenssätze und Werte, Bewertungen vornehmen, die den Erfolg herbeiführen. Für unser Denken sind wir ebenso verantwortlich wie für unser gesamtes Leben (Gesetz der Verantwortung). Wir haben vielleicht nicht auf alles, was in unserem Leben geschieht, direkten Einfluss, allerdings auf die Art und Weise, wie wir diese Ereignisse bewerten und wie wir uns dabei fühlen.

Die Art, wie und was wir denken, führt uns zu Erfolg oder Misserfolg. Denn jeder Gedanke ist eine Ursache und wird immer eine Wirkung haben (Gesetz der Kausalität). Da wir unsere Gedanken durch unser energetisches Kraftfeld ausstrahlen, erzeugen wir im Außen eine entsprechende Resonanz (Gesetz der Resonanz), wodurch wir das in unser Leben ziehen, was wir denken.

Unsere Gedanken bilden unsere Überzeugungen, und diese wiederum stellen die Befehle für unser Unterbewusstsein dar, was in unserem Leben geschehen wird (Gesetz des Glaubens).

Wie Du siehst, hängen all diese Gesetzmäßigkeiten zusammen und bedingen sich gegenseitig. Wenn Du sie nicht nur kennst, sondern anwendest, kannst Du Dich auf Deinen persönlichen Erfolg programmieren.

Diese und die folgenden Erklärungen der Unterkapitel halte ich bewusst sehr kurz, da an anderen Stellen bereits viel zu diesen Themen geschrieben wurde. Wenn Du Dich darüber ausführlicher informieren willst, empfehle ich Dir, die Erfolgsbücher zu lesen, die Du in der Literaturliste im Anhang findest.

Ich weise Dich darauf hin, dass alle Aussagen ohne Quellenangaben sind. Sämtliche Aussagen stellen meine persönliche Überzeugung dar.

6.1 Gesetz der Polarität

Alles ist eins und hat doch zwei Pole, die in Wirklichkeit wieder eins sind. Die erlebte Trennung findet ausschließlich in unserem Bewusstsein statt, um es noch zugespitzter auszudrücken: Nur das Bewusstsein ist polar, das Universum ist es nicht – es IST einfach.

Unser Bewusstsein erschafft die Polarität in Form von Bewertung. Die Bewertung ist abhängig vom Standpunkt, und dieser ist immer subjektiv. Für die Bewertung gibt es unendlich viele Möglichkeiten, und unser Bewusstsein entscheidet, welche es wählt, daraus setzt sich unsere Realität zusammen.

Das Bewusstsein kann Einheit nicht erfassen, da es selbst polar ist. Deshalb leben wir ständig in einem Spannungsfeld und sind bestrebt, uns für einen Pol zu entscheiden. Aus dieser Tatsache hat sich unser lineares Denken entwickelt. Wir denken einen Gedanken nach dem anderen. Das Gehirn ist nicht in der Lage, die Einheit wahrzunehmen. So erschaffen wir Zeit, die es sonst nicht gäbe. Durch das Gesetz der Polarität erschaffen wir Vergangenheit und Zukunft, obwohl doch nur der Moment wirklich existiert.

Jede Entscheidung und jede Veränderung unseres Bewusstseins ruft eine Gegenreaktion hervor, die integriert werden muss. Wenn wir nach unserer Entscheidung den Teil betonen, wächst das Gegenstück für uns im Verborgenen (Schatten) mit. Das bedeutet für unser Leben: Wenn wir ausschließlich auf den einen Pol fixiert sind, holen wir uns den anderen damit automatisch ins Leben (Beispiel: Wenn ich für X und damit gegen Y kämpfe, kreiere ich damit Y).

Das bedeutet jedoch: Wenn ich meine gesamte Konzentration immer darauf richte, erfolgreich zu sein, erhalte ich automatisch Erfolglosigkeit. Dieses Paradox mahnt uns, nicht zu starr zu werden. Und eine weitere Erklärung stützt diese These: Konzentration über einen langen Zeitraum bedeutet Anstrengung, und sobald wir uns anstrengen, haben wir noch limitierende Glaubenssätze. Erinnere Dich: Wollen entfernt vom Gewollten.

Wenn Du bemerkst, dass es für Dich anstrengend wird oder Du zu kämpfen beginnst, halte inne und überprüfe Deine Glaubenssätze, spüre Deine Limitationen auf und ändere diese. Die Anleitung dazu findest Du im Kapitel über Glaubenssätze.

6.2 Gesetz der Verantwortlichkeit

Durch unsere Gedanken kreieren wir unsere eigene Welt. Jeder Mensch hat ein eigenes Universum, in dessen Zentrum er lebt. Wir sind niemals Opfer, sondern immer Urheber unseres Lebens. Wir haben immer die Wahl, die Richtung unseres Denkens zu bestimmen. Wir sind immer für alles verantwortlich. Es gibt keine Zufälle und keine Opfer. Ich bin für mich und mein Leben zuständig, ich kann niemals fremde Probleme lösen.

6.3 Gesetz der Kausalität – Ursache und Wirkung

Jeder Gedanke hat eine Ursache und wird immer eine Wirkung haben.

Jeder Gedanke arbeitet somit für oder gegen mich und meine Ziele.

Es gibt immer einen Zusammenhang zwischen dem, was ist, und dem, was folgen wird.

Alles, was im Universum geschieht, unterliegt diesem Gesetz, es gibt nichts anderes als dies. Jede Wirkung entspricht in Quantität und Qualität immer der Ursache. Damit bekommt jeder genau das, was er verursacht, nicht mehr, nicht weniger und nichts Anderes.

Die Ernte entspricht immer der Saat. Das, was ich pflanze, wird wachsen, und ich kann nur das ernten, was ich auch gesät habe. Jeder Gedanke kommt zu uns zurück, deshalb sollten wir mit dem, was wir uns wünschen, umsichtig sein.

Dieses Gesetz gilt immer, auch für unsere unbewussten Gedanken. Da uns der größere Teil unserer Psyche nicht bewusst ist, können wir nur an dem Teil arbeiten, der uns bewusst ist. Wir sollten möglichst viel des Unbewussten in unser Bewusstsein bringen. Nur dann können wir eine wirkliche Änderung herbeiführen.

Alles was existiert, wurde zuerst gedacht. Viele Menschen verwirklichen ihre Ziele und Wünsche nicht, weil sie ihre Gedanken nicht beherrschen. In ihren Gedanken herrscht ein ständiges Hin und Her; es sind um die 15.000 Gedanken, die jeder Mensch täglich im Kopf hat. Jeder Mensch ist damit Begründer und Überwinder des eigenen Schicksals. Schicksal ist damit wie ein Maßanzug für das, was wir individuell not-wendig (=die Not, die zur Wende führt) gemacht haben.

Für jeden Menschen ist alles erreichbar, was er denken und zu 100 Prozent glauben kann. Gibt es nur einen kleinen Zweifel, gibt es damit einen bewussten oder unbewussten Einwand, funktioniert es nicht.

6.4 Gesetz der Resonanz

Resonanz bedeutet Mitschwingen.

Gleiches zieht Gleiches an und wird durch Gleiches verstärkt.

Ungleiches stößt sich ab.

Das Stärkere bestimmt das Schwächere, das Schwächere gleicht sich an.

Die Physik beschreibt den Menschen als Energiefeld unterschiedlicher Stärke und Schwingung, messbar und damit nachweisbar. Die Ausstrahlung wirkt auf die Umgebung und beeinflusst die Umgebung entscheidend. Die Ausstrahlung eines Menschen wird durch seine Gedanken und Gefühle bestimmt.

Das menschliche Energiefeld wird durch jeden Gedanken verändert und kann so in seiner Wirkung beeinflusst und bestimmt werden. Negative Gedanken rufen negative Wirkungen hervor, positive rufen positive

Wirkungen hervor und verändern die Ausstrahlung des Menschen. Diese Ausstrahlung ruft wiederum Sympathie oder Antipathie hervor, die Reaktionen sind entsprechend.

Jeder Gedanke hat Schwingung und zieht den Inhalt an. Gedanken sind somit die Bewegung geistiger Energie. Das uns umgebende energetische Kraftfeld funktioniert wie eine Sende- und Empfangseinrichtung und sendet ständig die Frequenz unserer Gedanken aus. Durch diese Ausstrahlung ziehen wir Menschen mit gleicher Ausstrahlung an. Dies gilt ebenso für Ereignisse und Lebensumstände. So kreieren wir uns unser Leben und unser Schicksal.

Da Angst eine höhere Schwingungsfrequenz hat als Freude, ziehen wir das, was wir befürchten, an. Dies funktioniert sogar dann präzise, wenn uns die Ängste unbewusst sind. Die Schwingungsfrequenz bzw. der Grad der Schwingung bestimmt damit immer die Art der Manifestation im Leben. Jede Schwingungsveränderung bewirkt eine Manifestationsänderung.

Die Resonanzfähigkeit beginnt bereits bei unserer Wahrnehmung, denn wir können nur das wahrnehmen, wofür wir resonanzfähig sind. Nur wir glauben, dass die Dinge außerhalb unserer dadurch eingeschränkten Wahrnehmungsfähigkeit nicht existent sind. Da jeder Mensch, bedingt durch seine individuelle Resonanzfähigkeit, einen anderen Teil der Wirklichkeit wahrnimmt, lebt jeder von uns wahrhaftig in seiner ganz eigenen Welt.

6.5 Gesetz des Glaubens

„Wir glauben zu sehr an die Macht des Wissens und wissen zu wenig über die Macht des Glaubens."
(Kurt Tepperwein)

Mit Glauben meine ich eine echte innere Überzeugung, eine Gewissheit.

Wir können nicht nicht glauben, wir entscheiden immer, d. h. wir glauben, oder wir glauben an das Gegenteil oder an etwas dazwischen.

Schon die Bibel berichtet, dass der Glaube Berge versetzen kann. Jede Überzeugung ist ein Gedanke und damit eine energetische Kraft. Die Gedanken eines Menschen sind seine Befehle, was in seinem Leben geschehen und wie es verlaufen wird. Und auch hier ist wichtig, an den großen Teil Unbewusstheit zu erinnern.

Was immer auch ein Mensch glaubt, er hat zu 100 Prozent Recht, allerdings nur und ausschließlich für sich selbst.

Glaube schafft Beweise, deshalb braucht er keine als Fundament. Gedanken sind bewegte Energie, und beharrlich bewegte Energie tritt als Manifestation in Erscheinung.

Laut des Axioms von Paul Watzlawick sind Glaubenssätze sich selbst erfüllende und verstärkende Prophezeiungen. Wir tun bewusst und unbewusst alles dafür, dass sie sich erfüllen, obwohl wir nichts mehr fürchten, als dass sie sich erfüllen. Selbstverständlich funktioniert diese These auch in die positive Richtung, weshalb es wichtig ist, nicht nur positiv zu denken, sondern positiv zu leben.

Wenn Wille und Glaube streiten, dann siegt immer der Glaube. Wir erhalten somit nicht das, was wir wollen, wünschen, brauchen ..., sondern immer das, was wir glauben – und auch hier sei wieder auf den großen Teil dessen verwiesen, der uns nicht bewusst ist. Jeder Mensch hat eine sehr große Anzahl von unbewussten Glaubenssätzen, Werten und Überzeugungen. Wie Du Dir einen Großteil davon bewusst machen und ändern kannst, findest Du im Kapitel 7.4 über Glaubenssätze.

Aus unseren Werten und Überzeugungen resultieren unsere Bewertungen, und daraus wiederum folgert die Art und Weise unserer Handlungen und unseres Verhaltens. Weitergehend bedeutet das: Unsere Verhältnisse werden von unserem Verhalten bestimmt.

Viele Menschen wenden hier ein, sie seien für diese Art des Denkens einfach zu realistisch, sie glauben nur an das, was sie sehen, was sich somit für sie wissenschaftlich beweisen lässt. Wenn ausschließlich diese Meinung richtig wäre, dann sollte kein Landwirt Saat ausbringen, weil er nicht sehen kann, was einmal wachsen wird. Auch ein Radiogerät dürfte nicht spielen, weil die Schallwellen nicht sichtbar sind. Homöopathie dürfte nicht wirken, da in Potenzierungen ab D6 bereits kein stoffliches Molekül des eigentlichen Wirkstoffes mehr nachweisbar ist. Und auch die berühmte Hummel soll wohl aufgrund ihrer zu kleinen Flügel nicht fliegen können.

Es bleibt eine Tatsache, dass man nur ernten kann, was man vorab auch gesät hat. Und es wird auch nur genau das wachsen, was vorher gesät wurde. Alles, was wir sind oder je sein werden, ist das Resultat davon, wie wir unseren Geist nutzen.

Vorausschau

Die Erklärungen, Fragen und Übungen zum Thema Deiner Persönlichkeit sollen Dir helfen, Dich selbst und Deine Muster besser zu erkennen. Wenn Du willst, kannst Du diese Muster verändern.

Ein zweiter Aspekt ist die Persönlichkeit Deiner Kunden. Es ist sicherlich ratsam, gezielter darüber nachzudenken, wie Deine Persona Entscheidungen trifft und welche Grundmuster ihre Persönlichkeit bestimmen. Wenn Du das weißt, kannst Du Deine Werbetexte und Deine weitere Kommunikation mit Deinen Kunden oder potenziellen Kunden darauf ausrichten.

7 Deine Persönlichkeit

„Es gibt nichts Schöneres als geliebt zu werden, geliebt um seiner selbst willen oder vielmehr trotz seiner selbst."
(Victor Hugo)

Weit über das hinaus, was ich persönlich bisher durch das Studium der Psychologie gelernt habe, hat der Wissenschaftler und Psychologe Dr. Hans-Georg Häusel für umfassende und neue Erkenntnisse gesorgt. Durch seine umfangreichen Studien hat er bewiesen, dass unser Bewusstsein vom Unbewussten bestimmt wird und nicht umgekehrt. Ich hatte in meinen Ausbildungen gelernt, dass wir weit mehr bewussten Einfluss haben. Unter dem Namen Limbic® hat Dr. Hans-Georg Häusel seine Erkenntnisse zu einem Gesamtmodell zusammengetragen.

Ich hatte gelernt, dass die Erziehung auf das Verhalten und die Persönlichkeit eines Kindes einen weit größeren Einfluss ausübt als die Erbanlagen. Die Verhaltensgenetik geht heute davon aus, dass 50 Prozent unserer Persönlichkeitsmerkmale angeboren sind. Die andere Hälfte ist durch Bezugspersonen und Umwelt angelernt.

Dr. Häusel hat herausgefunden, dass unser Gehirn beherrscht wird von drei großen Emotionssystemen:

Dominanz-System
Stimulanz-System
Balance-System

Diese sind nicht unabhängig voneinander zu sehen, sondern arbeiten aktiv zusammen. Diese Emotionssysteme stellen mit ihren jeweiligen Subsystemen die Grundsäulen unserer Persönlichkeit dar. Jedes Emotionssystem hat zwei Seiten, eine belohnende und eine bestrafende, die entsprechende Botenstoffe im Gehirn auf die Reise schicken.

Die entsprechenden Subsysteme sind:

	Belohnung	Bestrafung
Dominanz-System	Gefühl des Sieges, Stolz	Machtlosigkeit, Wut, Ärger
Stimulanz-System	Überraschung, Prickeln	Langeweile
Balance-System	Sicherheit, Geborgenheit	Unsicherheit, Angst, Stress

Wie die Aufstellung zeigt, sind das Dominanz-System und das Stimulanz-System risikoorientiert, während das Balance-System das Risiko zu vermeiden sucht.

Die Systeme sind bei allem Menschen vorhanden, sind allerdings persönlichkeitsspezifisch in unterschiedlichen Ausprägungen erkennbar. Um es ganz salopp auszudrücken: Ein individueller Mix der Emotionssysteme in unserem Gehirn stellt das tragende Fundament unserer Persönlichkeit dar. Sie sind so etwas wie die zentralen Antreiber für uns.

Die emotionale Persönlichkeitsstruktur jedes Menschen soll relativ konstant bleiben. Hans-Georg Häusel nennt Alter und Geschlecht als die zwei Faktoren, die die emotionale Persönlichkeitsstruktur beeinflussen. Aufgrund des unterschiedlichen Ausprägungsgrades der einzelnen Emotionssysteme ist es möglich, eine Typisierung vorzunehmen.

Unser gesamtes Gehirn wird von Emotionen beherrscht und beeinflusst die Art und Weise unseres Denkens ganz entscheidend. Mit der Vormacht der Emotionen hat unser Unterbewusstsein die entscheidende Stellung in unserem Leben.

Energetische Sparsamkeit ist ein großer Faktor der Evolutionsbiologie. Aus diesem Grund ist unser Gehirn so ausgerichtet, dass wir nur dann denken, wenn es unbedingt nötig ist, und lieber umschalten auf unbewusste automatisierte Prozesse, die energiesparsamer sind. Hierbei sei nochmals darauf verwiesen, dass die bewussten Prozesse von den unbewussten dominiert werden und nicht umgekehrt.

In den genannten Studien werden Emotionen und Gefühle nicht, wie in der Psychologie üblich, gleichgesetzt, sondern völlig unterschiedlich bewertet. Emotionen werden als Detektoren bezeichnet, die uns (den Organismus) zum einen wissen lassen, was in unserer Umwelt von Wert und Bedeutung für unser Leben oder Überleben ist, und zum anderen unsere Aufmerksamkeit darauf lenken. Ein Gefühl entsteht aus dieser emotionalen Bewertung und begleitet oft, allerdings nicht immer, diesen Prozess. Laut Häusel stellen Gefühle lediglich begleitende Merkmale von Emotionen dar. Beide, Gefühle und Emotionen, sind jedoch in ihrer Intensität variabel.

Es gilt als sicher, dass unser Unbewusstes ein Bewertungs- und Steuerungssystem ist, das den Organismus zur Zielerreichung führt. Unsere gesamten Lernerfahrungen im Leben, auf die wir bewusst nur einen eingeschränkten Zugang haben, sind im Unbewussten gespeichert. Entgegen dem Bewusstsein, welches 20 bis 40 Bits in der Sekunde wahrnehmen und verarbeiten kann, sind es im Unbewussten 11 Millionen Bits in der Sekunde. Allein mit einer solchen Informationsaufnahme und deren Verarbeitung wäre unser Bewusstsein völlig überfordert.

Das Unbewusste lenkt uns sicher durch unser Leben. Alle Lebenserfahrungen werden verknüpft und mit der aktuellen Situation abgeglichen. Unsere Aufmerksamkeit wird durch die Emotionen auf das gerichtet, was für uns unser Überleben von Wert und Bedeutung ist. In kritischen Situationen aktivieren Emotionen schnell und unbewusst überlebenssichernde Handlungen. Treten in unserer Umwelt Konflikte oder Inkongruenzen auf, werden sofort die emotionalen Bewertungszentren des Gehirns aktiviert.

Ohne Emotionen sind wir nicht in der Lage, Entscheidungen zu treffen. Dies wurde durch Tests mit Menschen, deren Emotionszentren im Gehirn gestört sind, bestätigt.

Emotionen sind intentional auf etwas gerichtet: „Ich bin wütend, weil …"; „Ich habe Angst, wenn …"; „Ich freue mich über …". Die emotionale Bedeutung richtet sich allerdings nach kulturellen und individuellen Erfahrungen sowie nach sozialem Kontext. Tests haben ergeben, dass es sogar kulturelle Unterschiede in der visuellen Wahrnehmung gibt. Rational bedeutet für unseren Kulturkreis, dass wir die Welt logisch erklären können. Und genau hier gibt es kulturelle Unterschiede. Unsere Logik ist nicht zwangsläufig die Logik der gesamten Welt.

Unser Entscheidungsverhalten, unser Stil, zu denken, und unsere Werte werden von unserer emotionalen Persönlichkeitsstruktur bestimmt. Dr. Hans-Georg Häusel sagt: „Die Emotionssysteme geben den großen

Verhaltens-, Bewertungs- und Zielrahmen vor, während Motive meist viel konkreter in ihrer Raum-, Zeit und Objektausrichtung sind." Bezüglich unserer Werte kann man somit folgern: Der Emotionsgehalt bildet den Kern der Werte und gibt ihnen somit buchstäblich Wert.

Bei der Bewertung unserer Wahrnehmung spielen die Emotionen eine entscheidende Rolle, weil dadurch Bedeutung entsteht. Das ist der Grund, warum Emotion von den Wissenschaftlern als wichtiger Bestandteil der Kognitionsprozesse angesehen wird. Kognition und Emotion gehören für sie zusammen, was sie durch die Verläufe wichtiger Neurotransmitter im menschlichen Gehirn nachgewiesen haben.

Es ist bekannt, dass unsere Stimmungen großen Einfluss auf unsere Wahrnehmung, Bewertung und unser Entscheidungsverhalten haben. Unter Angst und Stress fokussiert sich die Wahrnehmung, bei guter Stimmung öffnet sie sich. Die Welt ist eine andere, ob ich glücklich oder unglücklich bin. Unser Denken hinterlässt im Gehirn gewisse Strukturen, die dort gespeichert sind. Unsere Erfahrungen werden aufgrund dieser Strukturen bestimmt – wir hinterfragen diese nicht nochmals. Damit kann man behaupten, dass unsere Entscheidungen stark von unserer Persönlichkeit abhängen, doch diese ist uns zum größten Teil unbewusst.

Wenn wir weit mehr, als bisher angenommen, vom Unbewussten gesteuert werden, dann reagiert dieses allerdings auch mit allen Emotionssystemen auf unser bewusstes Denken. Wenn wir dafür sorgen, dass wir das Unbewusste mit möglichst vielen glücklichen und positiven Gedanken füttern, muss es zwangsläufig darauf in Interaktion gehen.

Diese sehr kurze Zusammenfassung der immens umfangreichen Arbeit von Dr. Häusel und Kollegen wird der Komplexität und den wirklich noch vielen interessanten Zusatzthemen selbstverständlich nicht gerecht. Wenn Du dazu mehr wissen möchtest, sei auf die vielen Bücher zu diesen Themen verwiesen. Eine Auswahl findest Du in der Literaturliste am Ende dieses Buches.

Ich möchte Dich einladen, Dich und Deine Persönlichkeit unter diesen neuen Sichtweisen zu betrachten. Es mag sein, dass auch Du neue Erkenntnisse über Dich und Dein Verhalten daraus ziehst. In diesem Fall ist es sinnvoll, Deine Kunden-Persona auch danach zu untersuchen. Vielleicht wird Dir dadurch noch klarer, welchen Kundentyp Du ansprichst und wie dieser seine Entscheidungen trifft. Wenn Dir das bewusst ist, kannst Du Deine Werbetexte darauf ausrichten.

Fragen zur weiteren Bearbeitung

? Welches Emotionssystem ist Dein bevorzugtes?

? Welchen Einfluss hat dieses System auf Deine Persönlichkeit?

? Da viele Menschen Ähnlichkeit bevorzugen: Wie siehst Du jetzt die Persönlichkeit Deiner Zielgruppenkunden?

? Welches Emotionssystem bevorzugen Deine Kunden?

? Wie treffen Deine Zielgruppenkunden Entscheidungen?

7.1 Selbst und Ego

Ich habe gelernt, dass das Selbst für die Echtheit der eigenen Persönlichkeit steht. Das Ego ist so etwas wie der eitle kleine Bruder des Selbst. Die Ego-Persönlichkeit will wichtig sein. Sie ist egoistisch, eifersüchtig, kleinlich, immer auf den eigenen Vorteil bedacht. Der Ego-Persönlichkeit ist es überaus wichtig, besser zu sein als andere, sie lebt im ewigen Vergleich und Wettbewerb und will um jeden Preis gewinnen. Die Ego-Persönlichkeit ist angreifbar durch falsche Schmeicheleien, ist käuflich und lässt sich zuweilen täuschen.

Ich bin sicher, dass Deine Berufung ein Projekt ist, welches auf der Ebene Deines Selbst stattfindet. Mit dem Erkennen Deiner Berufung hast Du eine großartige Version Deiner Selbst erschaffen, die Du sein willst. Jetzt ist es wichtig, dass Du nicht zulässt, dass Dein Ego Deine Vorhaben sabotiert.

Dein Selbst zeigt Deine authentische Ideal-Persönlichkeit, die es anzustreben gilt. Aus Erfahrung weiß ich, dass jeder Mensch sehr viele Einschränkungen durch eigene Muster erfährt. Die meisten davon finden sich auf den Ebenen Deiner Werte und Deiner Glaubenssätze. Die Erklärungs- und Bearbeitungsmöglichkeiten Deiner Werte und Glaubenssätze kannst Du in den folgenden Kapiteln nachlesen.

Fragen, um die beste Version Deiner Selbst zu benennen

? Wer oder was bist Du wirklich, wenn Du Deine Berufung lebst?

? Wie kannst Du daraus die größte innere Motivation für Dich ableiten?

? Wird Dir bewusster, dass mögliche Zweifel nur aus dem Ego kommen?

7.2 Traust Du Deinem Gefühl, oder lebst Du mehr im Verstand?

Durch die Arbeit mit meinen Klienten weiß ich, dass viele Menschen in unserer Kulturgesellschaft den Verstand oft in den Vordergrund rücken. Gefühle werden vielfach als Schwäche angesehen – beispielsweise: Männer weinen nicht. Da der Intellekt höher eingeschätzt wird als das Gefühl, trauen viele Menschen nicht mehr ihren eigenen Gefühlen.

Wie ist das bei Dir? Nimmst Du Deine Gefühle wahr – und nimmst Du sie ernst? Kannst oder darfst Du sie öffentlich ausdrücken?

Gefühle lügen nie. Es kann allerdings sein, dass die Interpretation unserer Gefühle nicht immer dem entspricht, was wirklich Realität ist. Viele Faktoren wie unsere Persönlichkeitsstruktur, unsere Glaubenssätze und Werte, unserer Vorlieben, Hoffnungen und Befürchtungen, können dazu beitragen, dass wir eine verschobene Wahrnehmung auf unsere eigenen Gefühle haben und deshalb zu Fehlinterpretationen gelangen.

Aus meiner Sichtweise lohnt es sich, die eigenen Gefühle ernst zu nehmen und an deren Interpretation weiterzuarbeiten. Mit der Zeit wird daraus eine gut funktionierende Intuition.

Die Intuition wird häufig als sechster Sinn bezeichnet. Für mich ist sie eine Kernkompetenz im Umgang mit Menschen. Ich bin überzeugt, dass jeder Mensch über Intuition verfügt, diese Fähigkeit allerdings von vielen Menschen vergessen wurde, weil sie gesellschaftlich lange Zeit als „nicht statthaft" galt. Intuition braucht man somit nicht zu lernen, sondern nur wiederzuentdecken. Sie macht viele Vorgänge schneller, dient als Entscheidungs- und Orientierungshilfe. Für mich persönlich ist sie ein Teil dessen, was wir Weisheit nennen. Bitte traue Dich, Deine Intuition immer größer werden zu lassen. Fange an mit kleinen Dingen. Frage Dich, wer ist am Telefon, wenn es klingelt. Was steht in dem Brief, der gerade ankam? Wie fühlt sich mein Gegenüber gerade? – Du kannst den Menschen befragen und hören und fühlen, ob Du Recht hattest. Baue diese Übungen aus. Es gibt viele gute Bücher zum Thema Intuition – vielleicht ist eines davon Dein nächstes, was Du lesen möchtest?

7.3 Erfolgreich sein durch Änderung des Selbstkonzeptes

„Es ist besser, für das, was man ist, gehasst, als für das, was man nicht ist, geliebt zu werden."
(André Gide)

Du kannst Deine Persönlichkeit gewiss mit Deinen eigenen Worten beschreiben. Wie oft machst Du Dir Gedanken darüber, woher Du etwas weißt und ob das wirklich stimmt? Wie wir als kleines Kind gelernt haben, zu essen, zu laufen und zu sprechen, haben wir auch gelernt, zu denken. Dies wird uns von unseren Bezugspersonen beigebracht.

Auf den Ebenen des Sprechens und Denkens übernehmen wir als Kinder automatisch die vorgelebten Muster, Glaubenssätze und Werte. Leider werden diese von den meisten Menschen später nicht mehr hinterfragt. Ganz im Gegenteil: Es wird als selbstverständlich angenommen, und wir generieren daraus unser Selbstbild.

Wenn das für Dich auch so ist, dann hast Du nun die Möglichkeit, alles zu hinterfragen und, wenn Du willst, zu ändern.

Da wir unserem Selbstbild möglichst entsprechen wollen und erreichen möchten, dass uns auch andere Menschen so sehen, müssen wir unser Verhalten entsprechend ausrichten. Aus diesem Grund erstellen wir für uns ein Selbstkonzept. Stell Dir Dein Selbstkonzept bitte wie eine Kommandozentrale vor, die Dein Leben regeln soll. Dazu besitzt Deine Zentrale die Informationen darüber, wie Du Dich selbst wahrnimmst, was

Du über Dich und die Welt glaubst und wie groß Deine Selbstachtung ist. Deine Selbstachtung wiederum bestimmt Deine Selbstliebe und damit Deine Liebesfähigkeit grundsätzlich.

Ich hoffe, Dir wird deutlich, dass für Dich eine direkte Verbindung zwischen Deinem Selbstkonzept und Deinem Potenzial besteht. Wenn Dein Selbstkonzept darüber bestimmt, was in Deinem Leben geschehen wird, dann wird Dein Unterbewusstsein alles dafür in Bewegung setzen, das entsprechend für Dich umzusetzen, und zwar im Denken, im Fühlen, im Sprechen, im Tun.

Dein Verhalten ist der äußere Ausdruck dessen, was in Deinem Inneren vor sich geht. Das beginnt für Dich bereits bei der Wahrnehmung, die durch Dein Selbstkonzept bestimmt wird. Du glaubst nicht, was Du siehst, sondern siehst, was Du glaubst.

Du solltest Dein Selbstkonzept Deiner Berufung und deren Positionierung anpassen. Gerade dann, wenn Du Dich als Marke positionieren willst, ist es unumgänglich, dass Du Dich als Erfolgspersönlichkeit siehst. Damit meine ich Dich als faszinierendes Unikat. Finde heraus, wer Du wirklich bist. Mache Dir ein Bild von der besten Version Deiner Selbst, lebe danach und bemühe Dich, diese Version Deiner Selbst fortwährend zu verbessern.

Mir ist sehr bewusst, dass dies eine große Aufgabe ist. Ich möchte Dir helfen, sie in kleinere Teile zu zerlegen. Jede Aussage ist ein Gedanke und damit ein Glaubenssatz. Die Bearbeitung und Änderung von Glaubenssätzen findest Du im folgenden Kapitel.

> Lege jetzt bitte für Dich die Richtung Deiner Glaubenssatz-Bearbeitung fest, indem Du für Dich bestimmst, wie Deine optimale Erfolgspersönlichkeit aussieht, die Du gerne wärst. Verwende dafür, wenn möglich, Superlative.
>
> Dann vergleiche Deine Ausarbeitung mit dem IST-Zustand und beschließe, was Du ändern willst. Damit hast Du die Themenbereiche eingekreist, um die es für Dich geht.

7.4 Dein ganzes Leben und Wirken führst Du auf der Grundlage Deiner Glaubenssätze

„Das höchste Glück des Lebens besteht in der Überzeugung, geliebt zu werden."
(Victor Hugo)

Der Glaube, den ich hier beschreibe, ist keine religiöse Gesinnung, sondern steht für Deine Überzeugungen. Jeder Gedanke, der für Dich einen Sinn ergibt, wird dadurch sofort zum Glaubenssatz. Unsere Persönlichkeit und unser ganzes Leben gründen sich auf Glaubenssätzen.

Ich möchte nochmals betonen, dass ich der Überzeugung bin, dass jeder Mensch für sich selbst immer Recht hat, weil er eben genau an das glaubt, was er sagt und tut. Ein großer NLP-Sinnspruch lautet: „Die Landkarte ist nicht das Gebiet." Das meint, dass die Realität von jedem Menschen unterschiedlich verstanden wird, denn jeder Mensch schaut auf die Welt aus seiner persönlichen Perspektive. Ob ein Baum hinter oder vor einem Zaun steht, entscheidet der Blickwinkel des Betrachters.

Wie jeder Mensch, hast auch Du viele zuträgliche und viele limitierende Glaubenssätze. Und wie ich ebenso bereits erklärt habe, wird es so sein, das einige davon gar nicht die Deinen sind, weil Du sie von anderen Menschen übernommen hast.

Um uns selbst die Richtigkeit unserer eigenen Überzeugungen zu beweisen, erzählen wir Geschichten (oder schreiben sie auf), die die eigenen Glaubenssätze beinhalten. Höre Dir zu, wenn Du selbst sprichst, dann erkennst Du Deine Überzeugungen. Prüfe ebenso, wie Du mit Dir selbst sprichst.

Die Zusammenstellung Deiner bewussten Glaubenssätze ist leicht, weil Du sie einfach notieren kannst. Deine unbewussten Glaubenssätze musst Du Dir natürlich vor der Bearbeitung erst einmal bewusst machen.

Vielleicht wirst Du jetzt langsam ungeduldig und fragst Dich: „Was denn noch alles?" Die Bearbeitung der Glaubenssätze ist ein wirklich umfangreiches Unterfangen. Trotzdem möchte ich Dich bitten, diese Aufgabe in Angriff zu nehmen, denn die Bearbeitung der Glaubenssätze ist zentral wichtig.

Ich bin überzeugt davon, dass alles, was wir denken und glauben können, von uns auch verwirklicht und umgesetzt werden kann. Eine limitierende Überzeugung hindert uns an der Verwirklichung und Umsetzung.

Ebenso sicher bin ich, dass alle Businessprobleme persönliche Probleme sind. Lese bitte die folgenden Unterkapitel vorab durch, damit Du Dir einen Überblick verschaffen kannst. Dann beginne mit der Sammlung, Bearbeitung und Änderung der Dich hindernden Glaubenssätze.

Limitierende Glaubenssätze

Du hast ein oder mehrere Themen festgelegt, für die Du Deine Glaubenssätze bearbeiten möchtest. Für die bessere Weiterbearbeitung teile bitte Dein Notizblatt optisch in zwei Spalten. Selbstverständlich brauchst Du viele solcher Blätter, denn jedes Thema bekommt ein eigenes Blatt. Damit es für Dich einfacher ist, kannst Du dieses Arbeitsblatt als Vorlage selbstverständlich auf meiner Internetseite www.engel4success.de herunterladen.

Schreibe bitte auf jedes Blatt Dein entsprechendes Arbeitsthema als Überschrift. Dann notiere alles, was Dir zu diesem Thema einfällt, was Du darüber glaubst, in die linke Spalte. Jeder Glaubenssatz bekommt eine neue Zeile. Die rechte Spalte des Blattes bleibt vorerst frei, dort kannst Du später Deine neuen Überzeugungen eintragen.

Als Beispiel wähle ich das Thema Erfolg. Frage Dich:

- Was bedeutet Erfolg für Dich? Bist Du ein erfolgreicher Mensch?
- Aus welchem Grund bist Du nicht erfolgreich?
- Mit wem bist Du nicht loyal, wenn Du erfolgreicher wärst?
- Gibt es Erfolgswellen, die immer wieder auslaufen – aus welchem Grund?
- Passt Erfolg zu Dir und Deiner Persönlichkeit?
- Bist Du sicher, dass Du erfolgreich sein darfst?

Finde weitere Fragen und Antworten und bleibe mindestens eine Stunde bei dieser Arbeit.

Dann lege die Zettel an einen zentralen Punkt in der Wohnung. Immer, wenn Dir dazu noch etwas einfällt, notiere direkt Deine Gedanken. Aus Dir bekannten Gründen halte ich die Arbeit am Computer für suboptimal.

Einige Klienten von mir, die sehr daran interessiert sind, möglichst effizient zu arbeiten, haben sich für jedes Thema zwei Listen erstellt: Die erste für die positiven, zuträglichen, die zweite für die negativen, hindernden Glaubenssätze. Die meisten von ihnen staunen immer wieder darüber, wie viel länger die Negativlisten sind.

Wenn Dir zu dem Thema nichts mehr einfällt, dann gehe in der Bearbeitung einen Schritt weiter.

Lies vorher bitte für Dein Verständnis die folgenden Erklärungen.

Übernommene Glaubenssätze

In Kapitel 7.3 über das Selbstkonzept habe ich bereits erklärt, wie unsere Glaubenssätze entstehen. Da die Glaubenssatzbearbeitung für Deinen Erfolg jedoch ein so wichtiges Thema ist, erlaube mir hier eine Wiederholung.

Die meisten Glaubenssätze haben wir von unseren Eltern oder anderen Bezugspersonen übernommen. Ein kleines Kind nimmt ungefiltert das als Wahrheit an, was ihm beigebracht wird. Die Menschen, die uns die Sprache gelehrt haben, haben uns damit auch beigebracht, wie die Welt funktioniert. Diese Art von Glaubenssätzen fühlen sich für uns absolut richtig an, wir haben in den meisten Fällen nie wieder hinterfragt, ob das wirklich stimmt.

Laut einer Harvard-Studie hört jeder Mensch bis zur Volljährigkeit mit 18 Jahren bis zu 180.000 negative Suggestionen. Ab dann sind es täglich 22. „Lass das.“, „Das ist falsch.“, „Das kannst du (noch) nicht.“ etc. Oder die beliebten Du-Sätze: „Du bist zu laut.“, „Du bist anstrengend.“, „Du bist blöd.“, „Du bist Schuld.“, „Du bist falsch.“ usw. In den meisten Fällen sind Du-Sätze, die wir selbst in eigenen Erklärungen verwenden, übernommene Glaubenssätze.

Eigene Kreationen

Eigene Kreationen sind unsere Schlussfolgerungen auf das, was wir gelernt haben. Ein Beispiel: Ein Kind sitzt mit den Eltern beim Essen. Die Mutter erzählt ihrem Mann, dass sie heute im Laden die Nachbarin getroffen habe, die ein unmögliches Designerkleid anhatte – „Müllsack mit Ärmeln“ nennt die Mutter diese Scheußlichkeit. Das Kind wundert sich, hatte es nicht erlebt, dass die Mutter zur Nachbarin im Laden gesagt hatte: „Was für ein tolles Kleid, Frau Müller.“ Am Wochenende besucht die Familie ein Straßenfest. Sie treffen Frau Müller, die Mutter lobt wieder laut das Designerkleid. Das Kind fragt die Mutter: „Du hast doch gesagt, es sei ein Müllsack mit Ärmeln?“ Solche ähnlichen Geschichten erlebt jeder Mensch in seinem Leben. Die übernommenen Glaubenssätze, die wir hier unterstellen können, sind: „Sei immer ehrlich, sage immer die Wahrheit, Lügen sind schlecht.“ Die Eigenkreation des Kindes nach dem Erlebnis könnte lauten: „Ich soll immer die Wahrheit sagen und wenn das, was ich sage, nicht stimmt, darf ich mich nicht erwischen lassen.“

Vorbereitende Übung für Glaubenssatzlisten ÜBUNG

Für die weitere Bearbeitung Deiner Liste mit Glaubenssätzen benötigst Du zwei Stifte in unterschiedlichen Farben. Markiere nun in einer Farbe Deine übernommenen Glaubenssätze, mit der zweiten Farbe Deine Eigenkreationen. Bei Sätzen, die Du übernommen hast, die Du aber ganz sicher auch selbst glaubst, machst Du jeweils ein Kreuz in jeder Farbe.

Über Deine Glaubenssätze, die Du für Dich als positiv erachtest, kannst Du Dich jetzt freuen. Diese willst Du sicher nicht ändern. Die Glaubenssätze, die für Dich negativ erscheinen, solltest Du jetzt bearbeiten und ändern. Dazu schreibst Du in die rechte noch freie Spalte Deines Blattes zu jedem einzelnen Glaubenssatz, was Du ab jetzt gerne glauben würdest. Beachte bitte, dass der neue Glaubenssatz eine höhere Ebene erreichen muss. Aus „Ich darf nicht erfolgreicher sein als mein Vater“ kann z. B. werden: „Grenzenloser Erfolg ist ein Geburtsrecht für jeden Menschen.“

Weiterführende Übung für übernommene Glaubenssätze

Da übernommene Glaubenssätze nicht die Deinen sind, brauchst Du sie nicht zu bearbeiten.

Du stellst Dir mental die Person vor, von der der Glaubenssatz stammt und sagst ihr/ihm: „... habe ich von Dir übernommen, das lasse ich bei Dir, Du darfst das weiter glauben." " Dann sagst Du ihr/ihm Deinen neuen Glaubenssatz: „Ich glaube jetzt ...".

Diese Übung muss in einer Grundhaltung der Liebe geschehen. Wenn Du den betroffenen Menschen voller Wut die Sätze sagst, funktioniert das nicht. Und Du solltest diese Übung bitte niemals real machen!

Weiterführende Bearbeitung von Eigenkreationen

Bei Eigenkreationen oder übernommenen Glaubenssätzen, die wir zu unseren eigenen gemacht haben, ist eine Bearbeitung nötig. Es muss uns über die Bearbeitung gelingen, zu **fühlen**, dass dieser Satz nicht unbedingt stimmen muss. Das erreicht man über folgende Fragetechnik:

1. Woher genau genau weiß ich das?
   (Achtung: Erlebnisse gelten nicht als Antwort, der Glaubenssatz steht immer vor dem Erlebnis. Wir erleben, was wir glauben.)
2. Bin ich wirklich sicher, dass es wahr (Realität) ist?
   Welche Beweise habe ich hierfür?
   Was setzt das voraus?
   Was muss logischerweise wahr sein?
3. Was geschieht, wenn ich das weiterhin glaube?
4. Wie, was, wer wäre ich ohne diese Überzeugung?
5. Ersetze das Wort „ich" durch die Worte: „Mein Denken".
   Beispiel: „Ich bin nicht erfolgreich." wird zu: „Mein Denken ist nicht erfolgreich."
   Oft stimmt der Satz dann und kann geändert werden.

→

Wenn es Dir hilft, kannst Du auch mehrere Begründungen finden, warum die Überzeugung absurd ist. Für den Beispielsatz: „Ich bin nicht erfolgreich.", wäre die Erklärung möglich: „Es gibt mehrere Millionen Samenzellen, nur eine gewinnt. Ich bin da, somit bin ich von Geburt an ein Gewinner. Wenn Erfolg eine Folge von ist, somit immer etwas erfolgt, bin ich immer erfolgreich. Jetzt kann ich daran arbeiten, dass das erfolgt, was ich gerne hätte.

Oft werde ich gefragt, aus welchem Grund die Überprüfung der Glaubenssätze wichtig ist, ob man das nicht abkürzen kann und gleich neue Sätze bilden kann. Das ist dann möglich, wenn Du absolut sicher bist, dass Du die vorhandenen Glaubenssätze wirklich ändern willst, und das kannst Du nur im Gefühl beurteilen. Deshalb ist es wichtig zu fühlen, wie absurd sich Deine Glaubenssätze anfühlen, denn dann ist die Änderung leicht und hat Aussicht auf Erfolg. Bereits bei der Beantwortung der ersten Frage („Woher weiß ich das?") stellt sich das Gefühl ein, dass Du Dir nicht sicher bist, ob Deine Überzeugung stimmt. Wenn diese gefühlsmäßige Bewertung nicht gegeben ist, holst Du Dir die bisherigen Überzeugungen schnell zurück, weil Du Dein Leben lang darauf konditioniert warst.

Weiterführende Arbeit an unbewussten Glaubenssätzen

Die Arbeit an unbewussten Glaubenssätzen ist ohne fachkundige Hilfe meist nicht einfach. Die zentrale Frage der Bewusstmachung lautet: Was musst Du zwangsläufig glauben, wenn Du auf den IST-Zustand schaust? So wie es jetzt ist, so hast Du es durch Deine Glaubenssätze erschaffen. Wenn es jetzt Dinge gibt, die Du als negativ für Dich erlebst, dann gibt es dazu passende Glaubenssätze, die das Fundament des Zustandes bilden. Wenn uns die Gründe nicht bewusst sind, dann haben wir nur die Chance zu fragen, was wir wohl glauben müssten, damit es so ist, wie es ist.

Aus Erfahrung weiß ich, dass viele Menschen hierauf mit Wut reagieren. Das ändert allerdings auch nichts, denn die Resultate sind Fakten,

⟶

die sichtbar vorhanden sind. Gäbe es keine Glaubenssätze, die die momentane Realität herbeigeführt hätten, wäre es anders. Gemäß dem Gesetz der Kausalität ist die Wirklichkeit jedes Menschen eine Wirkung. Die entsprechende Ursache lässt sich logisch ableiten und die entsprechenden Glaubenssätze können von Dir benannt, bearbeitet und geändert werden.

Wenn Du unbewusste Überzeugungen hast, die gegen Deine bewusst gewählte Berufungs-Positionierung sprechen, würdest Du Dich selbst sabotieren. Für diesen Fall kläre und ändere für Dich Deine unbewussten Glaubenssätze.

Abschließende Übung für alle Glaubenssätze

Du solltest Dir Deine neuen Glaubenssätze in der nächsten Zeit einprägen. Einige meiner Klienten lernen sie auswendig. Für andere wiederum ist es ausreichend, wenn sie ihre Liste täglich ein- bis zweimal lesen. Die Frage, die Du Dir dann täglich stellen kannst, ist: „Bin ich noch ausgerichtet auf meine neuen Überzeugungen, oder entferne ich mich vom Ziel?“ Es ist Dir damit möglich, immer wieder Anpassungen für Dich vorzunehmen. Es sollte Dir gelingen, Dein Denken, Fühlen, Sprechen und, Tun auf Deine neuen Überzeugungen auszurichten. Wenn Du daran täglich arbeitest, wird daraus nach ca. acht Wochen eine Gewohnheit.

Die Arbeit an limitierenden Glaubenssätzen ist nie zu Ende. Wir werden immer wieder welche entdecken und, wenn notwendig, ändern müssen.

7.5 Deine Werte als Hauptmotivatoren oder als Bremse

„Ein Zyniker ist ein Mensch, der von jedem Ding den Preis und von keinem den Wert kennt."
(Oscar Wilde)

Unsere Werte sind sehr zentrale Glaubenssätze, mithilfe derer wir unsere Persönlichkeit definieren. Damit können wir schnellstmöglich entscheiden, ob uns etwas gefällt oder nicht, ob wir einverstanden sind oder nicht.

Aus diesem Grund gelten unsere Werte allerdings auch als innere Motivatoren, ob wir etwas tun oder es sein lassen.

Unsere Werte sind hierarchisch angeordnet. Wir ordnen sie nach unserer individuellen persönlichen Sicht. Gibt es auf der Wertelinie widerstreitende Werte, dann entscheiden wir mal so, mal so, sind „hin- und hergerissen".

Wenn wir die wichtigsten Werte eines Menschen kennen, gelingt es uns einfacher, mit ihm eine Beziehung aufzubauen und eine fruchtbare Kommunikation zu führen. Das ist der Grund, warum die Bearbeitung der Werte sowohl für Dich als auch für die Zuordnung Deiner Zielgruppen-Persona wichtig ist. Die meisten Menschen bevorzugen Ähnlichkeit, und so liegt es nahe, dass Du Dir eine Persona kreiert hast, die Dir ähnlich ist. Bearbeite somit Deine Werte vorerst für Dich und übertrage Deine Erkenntnisse auf Deine Persona. Überarbeite dazu nochmals das entsprechende Kapitel „Persona-Spezifizierung nach Werteliste".

Meine Klienten berichten mir immer wieder, dass sie in ihrer Erziehung gelernt haben: „Fall bloß nicht auf, tanze nicht aus der Reihe, sei immer schön angepasst, sei immer schön nett."

Wenn Du Dich mit Deiner Berufung als Marke positionieren möchtest, ist es für Dich sehr wichtig, Deine Werte danach zu prüfen, ob Dir aufgrund Deiner Wertezuordnung Erfolg, Glück, Reichtum, und was immer Du noch möchtest, zusteht und ob Du auf der anderen Seite genügend Motivatoren unter den hohen Werten hast, um die Ausdauer zu entwickeln, Deine Ziele auch zu erreichen. Um Dich als Marke zu positionieren, darfst Du „Dein Licht nicht unter den Scheffel stellen", ansonsten wirst Du nicht wahrgenommen.

Cemal Osmanovic, Geschäftsführer des geistigen Fitnessstudios im Internet „smile2 GmbH", sagt: „Ich bin lieber ein eckiges Etwas, als ein rundes Nichts."

Da Deine Werte von zentraler Wichtigkeit für Dich und Deinen Erfolg sind, möchte ich Dich bitten, alle Fragen ehrlich zu beantworten. Es geht um die Werte, die Du hast, und nicht um diejenigen, die Du gerne hättest. Wenn Dir etwas an Deiner Werteliste nicht gefällt, kannst Du es ändern. Und Du erinnerst Dich: Vor der Änderung musst Du erst den IST-Zustand annehmen.

Fragen zur Wertebearbeitung

? Was sind Deine 10 höchsten Werte als Privatperson?

? Was sind Deine 10 höchsten Werte als Unternehmer?

? Welche Werte sind Dir in Bezug auf Kommunikation wichtig?

? Welche Werte sind Dir in Bezug auf Dich selbst wichtig?

? Welche Werte hast Du in Bezug auf den Umgang mit Menschen?

? Bringe die wichtigsten 10 Werte in eine Hierarchie von 1 bis 10. (ggf. unterschiedliche Listen für die Themen der Frageliste)

? Gibt es sich widersprechende Werte wie Freiheit und Sicherheit?

? Fehlen Werte, um das Ziel Deiner Berufungs-Positionierung zu erreichen?

8 Typische Hindernisse und wie Du sie überwindest

8.1 Welches Gefühl ist wünschenswert? – Und wie bekommst du es?

„Ein alter Cherokee-Indianer sitzt mit seiner Enkelin am Lagerfeuer. Er möchte ihr etwas über das Leben erzählen. Er sagt: ‚Im Leben gibt es zwei Wölfe, die miteinander kämpfen. Der erste ist Hass, Misstrauen, Feindschaft, Angst und Kampf. Der zweite ist Liebe, Vertrauen, Freundschaft, Hoffnung und Friede.' Das kleine Mädchen schaut eine Zeit lang ins Feuer und fragt dann: ‚Und welcher Wolf gewinnt?' Der alte Indianer schweigt. Nach einer ganzen Weile sagt er: ‚Der, den Du fütterst.'"
(Verfasser unbekannt)

Ein Gefühl können wir in uns erzeugen, indem wir uns intensiv damit beschäftigen. Wenn wir uns zum Beispiel an schöne Erlebnisse in unserem Leben erinnern und diese innerlich erneut durchleben, erzeugen wir in uns wieder diese Gefühle.

Sicher möchtest auch Du dafür sorgen, eine Resonanz zu erzeugen, um Deine Traumkunden anzuziehen. Gehe gefühlsmäßig dazu in Deine Berufungs-Positionierung, und frage Dich, was Du fühlen würdest, wenn Du das alles bereits umgesetzt hättest. Beschäftige Dich mental mit Deinen Traumkunden. Wie wird der Kontakt mit ihnen sein – wie fühlst Du Dich? Hole Dir diese Bilder und Gefühle immer wieder zurück.

Erinnere Dich an die Werte Deiner Zielgruppen-Persona, und frage Dich, welche Gefühle Dein Kunde braucht, um aus Deinen Produkten einen Nutzen ziehen zu können. Wie kannst Du erreichen, dass Dein Kunde Dir vertraut, dass Du ihm das liefern kannst, was er braucht? Wenn Dein Kunde z.B. Sicherheit braucht, dann ist es wichtig, dass er fühlen kann, dass Du sie ihm geben kannst. Dafür musst Du ganz sicher sein.

8.2 Angst und Widerstand

Angst oder der Widerstand gegen die Realität, wie sie sich gerade zeigt, ziehen mit Präzision das in unser Leben, was wir befürchten oder auf gar keinen Fall wollen. Sicher wäre es hilfreich, diese Gefühle möglichst bereits bei ihrer Entstehung zu analysieren und zu ändern. Meistens gelingt uns das nicht, und wir gehen in eine Emotions- und Gedankenschleife, aus der wir ganz schlecht aussteigen können. Wie der Ausstieg aus diesen Zuständen ist, lässt sich pauschal nicht sagen.

Wenn Du Dich widersetzt oder Angst hast, mag es Dir helfen, Dir immer wieder bewusst zu machen, dass Du damit genau das bekommst, was Du eigentlich vermeiden möchtest. Auch hier gilt für mich die Regel: Um eine Änderung zu erreichen, musst Du loslassen. Um loslassen zu können, musst Du Deinen inneren Widerstand oder Deine Angst als solche erkennen und akzeptieren.

Mir ist klar, dass es schöner wäre, wenn ich Dir eine Art von Kurzintervention an die Hand geben könnte, mit der Du diese Gefühle unterbrechen könntest und Dich sofort besser fühlen würdest. Je öfter Du Dir allerdings Deine Muster verdeutlichst, desto schneller kannst Du sie in Zukunft vermeiden oder sogar ganz ablegen.

8.3 Angst und Liebe

Ich bin davon überzeugt, dass sämtliche menschlichen Handlungen auf der höchsten Ebene aus Liebe oder Angst geschehen. Wenn wir die Motive für unsere Handlungen hinterfragen und immer weiter hinterfragen, dann landen wir irgendwann bei Liebe oder Angst.

Die zwei Emotionen, die uns mehr als alles andere zurückhalten, sind:

1. Angst vor Misserfolg
2. Angst vor Ablehnung

Eine andere psychologische Regel, die ich gelernt habe, besagt: Alles, was wir tun, tun wir, um Liebe zu erhalten oder den Mangel an Liebe zu kompensieren.

Da Angst das Befürchtete automatisch und gezielt anzieht, ist es notwendig, sich mit dieser Emotion detailliert auseinanderzusetzen.

Kläre für Dich, wann Du aus welchen Gründen Angst hast, und bemühe Dich, die Angst zu transformieren. Meistens wird sie bereits dadurch schon kleiner, wenn wir verstehen, um was es gerade geht.

8.4 Wie mache ich meine Angst kleiner?

Das Gefühl der Angst solltest Du niemals sich selbst überlassen. Versuche nicht, Deine Angst zu ignorieren oder zu verdrängen. Meiner Meinung nach ist Angst ein Feind des Erfolges. Ich glaube, dass es nichts gibt, was so erfolgreich erfolglos macht wie Angst. Es gibt kaum eine bessere Möglichkeit für Dich, zu scheitern. Aus Angst erwachsen Zweifel, und diese breiten sich rasant aus. Bedenke, dass für Dein Unterbewusstsein alles ein Befehl ist, was Du nach ICH denkst und sagst.

Du hast jedoch die Möglichkeit, bewusst Einfluss auf Deine Gedanken zu nehmen. Je mehr es Dir gelingt, Deine bewussten Gedanken in positive Richtungen zu lenken, umso positiver ist Deine emotionale Befindlichkeit. Durch diese wird Dein Unterbewusstsein von Dir gelenkt, diesem Strom zu folgen. Auch dies gelingt nicht von heute auf morgen und verlangt von Dir eine große Gedankendisziplin.

Aus Erfahrung weiß ich, dass das Gefühl der Dankbarkeit in der Lage ist, Angst aufzulösen. Wenn Du wirklich dankbar bist, kannst Du nicht gleichzeitig Angst haben.

Die meisten Menschen in unserem Land befinden sich in einer recht privilegierten Situation im Gegensatz zu Menschen, die in Ländern leben, in denen Hunger, Armut und Krieg herrschen. Vielleicht gehörst Du auch zu den Menschen, die sich nicht oft Gedanken darüber machen, wie gut es ihnen eigentlich geht. Der Blick vieler Menschen ist oftmals darauf gerichtet, was fehlt. Besinne Dich auf das, was da ist, dann findet sich auch für Dich sicherlich vieles, für das Du dankbar sein kannst. Erinnere Dich täglich an diese kleine Übung, und lass Dankbarkeit ein Teil Deiner Gewohnheiten werden.

Auch in diesem Kapitel würde ich Dir lieber etwas raten, was schneller umsetzbar ist. Aus eigener Erfahrung weiß ich jedoch, dass es sich lohnt, wenn Du Dir Deine Gedanken immer wieder bewusst machst und Dich ebenso bewusst entscheidest, anders zu denken. Auch hieraus wird, wenn Du das konsequent tust, nach einer Zeit von etwa acht Wochen eine Gewohnheit.

Du kannst Selbstzweifel dadurch auflösen, dass Du Dich ganz klar dazu entscheidest. Jede Deiner Entscheidungen ist emotional, und Deine größte Emotion wird dominieren. Das bedeutet, dass Du nicht nur entscheiden musst, sondern auch zu Deiner Entscheidung in der Umsetzung stehen musst. Denn erinnere Dich – alle Ursachen in Deinem Leben sind seelisch. Du wirst nicht anziehen, was Du willst oder brauchst, sondern was Du bist.

Wenn es Dir gelungen ist, aus einer neuen Perspektive heraus zu denken, und Du eine Gewohnheit aus der neuen Denkrichtung gemacht hast, steht der überfließenden Fülle in Deinem Leben nichts mehr im Weg. Dann hast Du Deinen Erfolg wirklich programmiert, und er kommt automatisch. Dankbarkeit wird dann zum Lebensgrundgefühl.

Selbst wenn Du jetzt sagst: „Meine Situation ist entsetzlich, wie soll ich da dankbar sein?", antworte ich Dir: „Indem Du Dich mit dem beschäftigst, was Du ändern wirst." Wie wird es sein, wenn Du Deine Berufungs-Positionierung umgesetzt hast? Wenn Du dabei nicht wirklich Dankbarkeit fühlen kannst, ist die Bearbeitung noch nicht so, wie sie sein sollte.

Du wirst feststellen, dass die Beseitigung negativer Emotionen eine gute Strategie für Dich ist, um negative Gedanken nicht aufkommen zu lassen. Du wirst bemerken, dass es egal ist, ob Du über die Gefühle die Gedanken änderst oder über die Gedanken die Gefühle. Es funktioniert in beide Richtungen.

Achte darauf, dass Du Destruktives nicht diskutierst. Lass Dich nicht auf negative Gespräche oder Selbstgespräche ein. Durch das Reden über Negatives hältst Du die Emotionen am Leben. Sie lösen sich auf, wenn Du ihnen den Nährboden entziehst.

Erinnere Dich immer wieder daran, dass Du verantwortlich bist. Wenn Dir das klar ist, weißt Du auch, was Du ändern kannst. Und auch hier sind die ständigen Wiederholungen der Schlüssel zu Deinem Erfolg.

8.5 Wie liebt man, wenn man nicht liebt?

Es sollte uns gelingen, unsere Kunden zu lieben. Sicher weiß ich, dass dies nicht bei jedem Kunden einfach ist. Du hast Dir zwar eine Zielkunden-Persona erstellt: Doch was machst Du, wenn Dein Kunde Deiner Persona nicht zu 100 Prozent entspricht?

Für mich gehört zur Entwicklung der Liebe, die Bedürfnisse des anderen wichtiger zu nehmen als die eigenen. Wenn Du das umsetzen möchtest, solltest Du dem andern Deine größtmögliche Unterstützung geben.

Ich kenne eine Übung, um Menschen, die uns unähnlich sind, mögen zu lernen. Ich erinnere mich gerne an diese Übung, die für mich in meiner eigenen Ausbildung ein Schlüsselerlebnis war. Wir sollten uns für die Übung einen Partner suchen, der anders war als wir selbst oder den wir bis dahin nicht mochten.

Genau das tat ich. Nun war die Aufgabe, dem anderen drei Minuten lang zu erzählen, was wir an ihm liebenswert finden. Mein Übungspartner nahm seine Uhr ab und stoppte die Sekunden. Als mir nichts mehr einfiel, waren wir erst bei knappen 1,5 Minuten. Wir bekamen vorab die Info, dass wir uns etwas ausdenken könnten, wenn uns nichts mehr einfallen würde. Ich sagte jedoch meinem Übungspartner, dass mir zu seinen Vorzügen nichts mehr in den Sinn käme und ich mir nichts ausdenken wolle, weil Ehrlichkeit zu meinen zentralen Werten gehören würde. Das löste bei dem jungen Mann einen heilsamen Schock aus, denn er fragte völlig ungläubig: „Das heißt, das, was Du mir erzählt hast, war ehrlich gemeint?" Als ich dies bestätigte, fing er vor Ergriffenheit an zu weinen. Er konnte es sich bis dahin nicht vorstellen. Nach dieser Übung hatte ich in den laufenden Kursen nie wieder Schwierigkeiten mit diesem jungen Mann, von dem ich jetzt wusste, dass er nur aufgrund seiner eigenen Glaubenssätze über sich selbst ein solches Verhalten an den Tag legte. Wenn sich unsere Wahrnehmung auf unser Gegenüber ändert, dann haben wir automatisch eine andere Resonanz. Die Emotionen zweier Menschen bedingen sich immer gegenseitig.

Darüber hinaus kann es Dir helfen, Dir die gegenseitigen Projektionen bewusst zu machen. Wenn es Dir gelingt, diese aufzulösen, gibt es keine Differenzen mehr.

Ich bin der Überzeugung, dass Liebe nichts ist, was einfach so passiert. Liebe kannst Du nur praktizieren – und es lohnt sich immer.

Wenn es Dir mit dieser Sichtweise nicht gelingen sollte, eine gute Kundenbeziehung herzustellen, solltest Du Dich nicht weiter quälen. Dann ist die Verbindung für beide Seiten nicht optimal, und Du solltest Dich trennen. Dieses Nein zum anderen, ist dann ein ganz klares Ja zu Dir selbst – Liebe sollte immer mit Selbstliebe beginnen.

Passiert es Dir öfter, dass Du eine Kundenbeziehung beenden musst, solltest Du Deine Ausarbeitung für Deine Zielkunden-Persona überprüfen. Es mag sein, dass Du in der Ausarbeitung etwas vergessen hast, dass Deine Wahl ggf. doch nicht die optimalste war.

Ein anderer Grund dafür könnte sein, dass es für Dich noch limitierende Glaubenssätze über die Themenbereiche Liebe und Selbstliebe gibt, die Du für Dich aufspüren und auflösen solltest, um gute Kundenbeziehungen aufzubauen.

8.6 Scheitern – na und?

„Hinfallen, aufstehen, Krone richten, weitergehen."
(Verfasser unbekannt)

Was ist wirklich das schlimmste Szenario? Manchmal reicht es schon, wenn Du Dir bewusst machst, was wirklich geschieht, für den Fall, dass Du scheiterst. Die Welt geht nicht unter, Du wirst wohl nicht sterben. Vielleicht kannst Du sogar einiges für die Zukunft lernen. Nimm doch einfach dem schlimmstmöglichen Fall die Macht über Dich weg.

Ich hatte in der Anfangszeit meiner Selbstständigkeit große Angst zu scheitern. Ich hatte meinen sicheren Job als Assistenz der kaufmännischen Geschäftsleitung gekündigt und mich selbstständig gemacht. Ich war bis dahin ein regelmäßiges Gehalt gewöhnt und hatte nun Angst, dass ich es nicht schaffen würde. Ich schrieb meine Ängste auf. Zuerst notierte ich klischeehafte Ängste: Peinlichkeit, schwindendes Ansehen, andere zeigen mit dem Finger auf mich, ich werde verspottet … Nach einer Stunde fiel mir nichts mehr ein, alles war gesagt – und doch fragte ich weiter: Was genau wäre das Allerschlimmste?

Endlich kamen die Antworten aus der Tiefe: „Wenn ich kein Geld mehr verdiene, werde ich irgendwann verhungern, ich werde sterben und meine Beerdigung findet bei strömendem Regen statt."

Es bringt keine Lösung, einfach nur über diese Ängste zu lachen und sie zu ignorieren. Ich griff zum Telefon und rief diverse Freunde an, um sie zu fragen, ob sie mir etwas zu Essen geben würden, wenn es mir mal ganz schlecht gehen sollte. Alle bestätigten mir, dass Sie mir helfen würden – ich war also sicher, nicht verhungern zu können – damit löste sich die Angst auf.

Sicher wäre es ratsam, wenn auch Du Dir Gedanken darüber machst, ob Du Angst vor dem Scheitern hast. Wenn das so ist, dann mache auch Du diese Übung für Dich. Dabei ist wichtig, dass Du Dir wirklich genug Zeit dafür nimmst. Diese Übung funktioniert nur, wenn Dein Verstand gelangweilt ist, keine Chance mehr hat, die Antworten Deiner Seele zu zensieren, weil er sie albern findet. Dieser Zustand kann erst dann eintreten, wenn Deinem Verstand keine Argumente mehr einfallen. Denn dann findet automatisch ein Wechsel der Gehirnhälften statt. Dann erhältst Du die Antworten aus Deiner Seele.

Was aber, wenn Du schon gescheitert bist, wenn es bereits passiert ist? Mir selbst ist das ja auch nach fast 20 Jahren Selbstständigkeit geschehen. Ja, das ist zuerst schlimm, doch dann kannst Du das als Grundlage für einen Neubeginn nehmen. Der Volksmund sagt doch: „Auf dem Mist wachsen die schönsten Blumen." Du hast viel gelernt, Du hast eine oder mehrere Methoden gefunden, wie es nicht funktioniert.

Wenn Du erfolgreich sein willst, darfst Du nicht aufgeben. Wenn Du aufgibst, hast Du Dich selbst für den Misserfolg entschieden. Du darfst hinfallen, musst nur wieder aufstehen. Es ist nichts passiert, vielleicht hast Du ein paar blaue Flecken, den Rest stört nur Dein Ego. Verpflichte Dich selbst Dir gegenüber zum Erfolg, denn nur so ist gewährleistet, dass Du nicht aufgibst und weitermachst.

Wenn es Dir hilft, Dich an anderen Menschen zu orientieren, dann bringe in Erfahrung, wie oft Unternehmer scheitern. Du wirst verwundert sein, wenn Du feststellst, wie viele große, heute erfolgreiche Unternehmer schon eine oder mehrere Pleiten hinter sich haben. Jürgen Höller, Bodo Schäfer und Sir Richard Branson behaupten übereinstimmend, dass Scheitern ein unverzichtbarer Teil des Erfolges ist.

8.7 Wie gut ist Deine Eigenwahrnehmung?

„Man will nicht nur glücklich sein,
sondern glücklicher als die anderen.
Und das ist deshalb so schwer,
weil wir die anderen für glücklicher halten, als sie sind."
(Charles-Louis de Montesquieu)

Beim Thema Eigenwahrnehmung geht es ganz allgemein um die Frage, wie Du Dich selbst und Deine Leistungen beurteilst. Im NLP spricht man von den Metaprogrammen für externale und internale Wahrnehmung. Menschen, die nur und ausschließlich auf externale Wahrnehmung ausgerichtet sind, fragen andere Menschen, lesen Bewertungen, richten sich ganz und gar danach aus, was andere von den Dingen halten. Das andere Extrem findet sich in der rein internalen Wahrnehmung. Diesen Menschen ist nur und ausschließlich ihre eigene Meinung wichtig. Was andere Menschen denken, ist ihnen nicht wichtig, deshalb hören sie sich die Meinung anderer gar nicht erst an.

Wenn Du Deine eigene Besonderheit herausstellen willst, dann ist es erforderlich für Dich, eine gute internale Wahrnehmung zu entwickeln, sonst wirst Du Schwierigkeiten haben, Deine Besonderheit auszustrahlen. Deine internale Wahrnehmung solltest Du allerdings immer wieder und wieder durch eine externale Überprüfung abgleichen.

Aus Erfahrung mit meinen Klienten weiß ich, dass viele Menschen davon ausgehen, dass sie im Außen genauso wirken, wie sie sich selbst erleben. Um diese Eigenwahrnehmung zu korrigieren und nicht betriebsblind zu werden, ist es erforderlich, eine Außenmeinung abzufragen.

Um diese Meinungen einzuholen, gibt es mehrere Möglichkeiten. Du kannst diverse kostenlose Persönlichkeitstests im Internet machen. Gebe dafür in eine Internet-Suchmaschine die Suchworte „kostenloser Persönlichkeitstest" oder „kostenlose Persönlichkeitsanalyse" ein. Du wirst viele Vorschläge erhalten und kannst Dir die für Dich geeigneten Tests aussuchen. Die schriftlichen Auswertungen dieser Tests sind zum Teil sehr umfangreich und geben Dir Tipps für Verbesserungen an die Hand.

Parallel dazu kannst Du auch selbst einen kleinen Test für Dich erstellen. Du brauchst 10 bis 12 Personen, die Dich gut kennen und die bereit sind, diesen Test für Dich auszufüllen. Dann suchst Du Dir Eigenschaften, die Dir für die Umsetzung Deiner Berufung wichtig erscheinen.

Als Beispiel:

Persönlichkeitsprofil für: ....

Thema: ....

ausgefüllt von: .... am: ....

glücklich	x	o	x	unglücklich
erfolgreich	x	o	x	erfolglos
zukunftsorientiert	x	o	x	vergangenheits-bezogen
duorientiert	x	o	x	ichbezogen
introvertiert	x	o	x	extrovertiert
kreativ	x	o	x	sachlich
wechselhaft	x	o	x	konstant
frei	x	o	x	abhängig
lustig	x	o	x	ernsthaft
offensiv	x	o	x	defensiv
weiblich	x	o	x	männlich
spontan	x	o	x	überlegt
schnell	x	o	x	langsam
dominant	x	o	x	devot
aktiv	x	o	x	passiv
machen	x	o	x	warten
zuverlässig	x	o	x	phlegmatisch
mutig	x	o	x	vorsichtig
großzügig	x	o	x	geizig
gefühlsbetont	x	o	x	vernunftbetont

abweisend	x	o	x	offen
witzig	x	o	x	langweilig
kompromissbereit	x	o	x	bestimmend
laut	x	o	x	leise
herzlich	x	o	x	arrogant
bedacht	x	o	x	schnell
kalt	x	o	x	warm
stabil	x	o	x	flexibel
verlässlich	x	o	x	unzuverlässig
schwach	x	o	x	stark
optimistisch	x	o	x	pessimistisch
bunt	x	o	x	einfarbig
frei	x	o	x	dogmatisch
offensiv	x	o	x	konservativ
ruhig	x	o	x	temperamentvoll
tiefgreifend	x	o	x	oberflächlich
detailgenau	x	o	x	überblicksorientiert
geradlinig	x	o	x	kompromissbereit
selbstständig	x	o	x	hilfsbedürftig
still	x	o	x	kommunikativ
treu	x	o	x	illoyal
tolerant	x	o	x	besitzergreifend
loyal	x	o	x	unabhängig
traurig	x	o	x	fröhlich
wütend	x	o	x	sanft
liebevoll	x	o	x	nüchtern
leidenschaftlich	x	o	x	spröde

Beschreibe die Person mit Deinen Worten in maximal drei Sätzen:

....

....

....

....

....

....

Diese Liste kannst Du beliebig erweitern. Wähle Eigenschaften, die Dich interessieren, die Dir wichtig sind. Fülle nun zuerst einen Test als Eigenwahrnehmung aus, damit Du später einen Vergleich hast.

Es ist günstig, wenn Du Deinem Test ein Thema vorgibst, damit Deine Freunde einen Bezugsrahmen haben. Themen könnten sein:

Mein Eindruck von mir – Dein Eindruck von mir

So erlebe ich mich – so erlebst Du mich

Eindruck als Privatperson

Eindruck als Business-Person

Die vorhandene Skala in der Mitte der Wortpaare geht von plus 10 bis minus 10, die Mitte stellt die Null dar und steht für das Sowohl-als-auch. Setze nun Punkte in der Skala, wie Du Dich einschätzt.

Wenn Du das toppen möchtest, dann bitte Deine Freunde, Dich in drei Sätzen mit ihren eigenen Worten zu beschreiben. Diese Sätze sind Geschenke, Du wirst merken, wieviel Rührung sie bei Dir auslösen werden.

Wenn Du die Listen Deiner Freunde zurückerhältst, vergleiche diese mit Deiner eigenen Liste, Deiner Eigenwahrnehmung. Bedenke bei der Auswertung, dass es Interpretationsunterschiede der einzelnen Worte geben kann, dass Deine Freunde die Worte anders verstehen können

⟶

als Du. In den Fällen, wo die Ergebnisse sehr weit voneinander abweichen, kannst Du nachfragen und es so besser nachvollziehen. Und bei alledem ist auch die Persönlichkeit desjenigen, der die Liste ausfüllt, stark mit vertreten.

Du erinnerst Dich an die Spiegelungen. Hier heißt es: Das, was Dich am anderen stört, ist Dein eigenes Problem, denn Du hast nur das nach außen projiziert, was Du an Dir selbst nicht wahrnehmen willst. Und das funktioniert auch in die andere Richtung. Wenn Dich ein von einem anderen Menschen ausgefüllter Test erreicht, werden sich dort immer auch die Probleme des Ausfüllers mit einbringen. Nimm also immer einen gewissen Prozentanteil als Verzerrung an.

Immer, wenn ich solche Listen von meinen Freunden oder guten Kunden ausfüllen lasse, fällt mir auf, dass ich bei den meisten Wortpaaren in der externen Wahrnehmung besser dargestellt werde, als bei meiner sehr kritischen Eigenwahrnehmung.

Wenn Dir Deine Auswertung vorliegt, dann frage Dich mit Blick auf Deine Zielgruppen-Persona bitte:

Wenn ich mein Kunde wäre, wie würde es mir damit gehen?

Gibt es etwas, was ich gerne anders hätte – wenn ja, was?

8.8 Nimm Dir die Angst vor der Veränderung

„Wer ständig glücklich sein möchte, muss sich oft verändern."
(Konfuzius)

Von meinen Klienten weiß ich, dass allein das Wort Veränderung schon Stress auslösen kann.

Wenn das bei Dir auch so ist, möchte ich Dich bitten, Deine Einstellung gegenüber Veränderungen zu überdenken. An der Veränderung selbst kannst Du zwangsläufig nichts ändern, da das Leben immer im Fluss ist.

Jeder Moment ist neu und damit bereits verändert. Somit bleibt Dir nur die Möglichkeit, Deine Sichtweise über die Veränderung zu verändern.

Du selbst erschaffst durch Deine Gedanken Deine Realität. In Deinem Inneren erlebst Du nicht, was im Außen geschieht, sondern das, was durch Deine eigenen Bewertungen, damit durch Deine Gedanken und Gefühle, ausgelöst wird. Das Resultat ist Deine Realität.

Deine Realität geht allerdings aus dem hervor, was bereits in Dir vorhanden ist, Deine ganz persönliche Mischung aus Glaubenssätzen. Leider lebst Du damit wie alle anderen Menschen ständig in der Vergangenheit, da all Deine Überzeugungen der Vergangenheit entstammen.

Du hast eine Wahrnehmung im Jetzt, fügst Deine vorhandenen Erkenntnisse mit ihren Wurzeln aus der Vergangenheit hinzu. Dann denkst Du darüber nach, bewertest die Situation und schaffst damit eine neue Realität im Jetzt. Dies tun wir alle ständig und immer; das menschliche Gehirn funktioniert nun einmal.

Deine Sichtweisen über die Veränderung sind Glaubenssätze. Wenn es Dir gelingt, diese Glaubenssätze in eine für Dich positive Richtung zu wandeln, veränderst Du damit Deine Realität.

Stelle Dir bitte einmal vor, was sich für Dich verändern würde, wenn Du ab sofort glauben würdest, dass jede Veränderung für Dich eine Verbesserung darstellen würde. Es ist nicht so, dass Du diese Verbesserung immer in jedem Moment sofort erkennen würdest, aber unterstellen könntest Du sie.

Meine Aussagen leite ich vom Gesetz der Evolution ab, welches besagt, dass sich alles im Universum auf Wachstum und Verbesserung ausrichtet.

Doch auch ich gebe zu, dass es mir manchmal schwerfällt, in einigen Veränderungen, die ich durch eigene suboptimale Glaubenssätze selbst kreiert habe, eine sofortige Verbesserung zu erkennen. Trotzdem: Nach einer Weile, mit etwas Abstand, zeigt sich der positive Nutzen.

Wir sollten uns immer wieder bewusst machen, dass sich jeder Mensch seine ganz persönliche und individuelle Wahrheit erschafft, die subjektiv ist. Die Unschärferelation von Werner Heisenberg sagt aus, dass die Position der Beobachter und die Art ihrer Fragen Einfluss nehmen auf das Beobachtete. Bei Messungen wollten die Wissenschaftler klären, ob es sich bei Quanten um Teilchen oder um Wellen handelt – beides zugleich ist kaum möglich und doch hat sich aufgrund der bevorstehenden Messung das Quantensystem verändert und beide Messungen waren möglich. Der

Beobachter hat durch sein Messvorhaben das System verändert. Hiervon wurde die allgemeine Theorie abgeleitet, dass wir durch unsere Glaubenssätze, Werte etc. Einfluss auf unser Leben und Erleben, damit auf „unsere Welt“ haben.

Das würde allerdings für Dich bedeuten, dass Du allein durch die Art und Weise, wie Du Deine gegenwärtigen Erfahrungen betrachtest, bereits dabei bist, in genau der gleichen Art und Weise Deine nächste Wahrheit zu erschaffen.

Ich persönlich bin davon überzeugt, dass unsere Seele weise ist und genau weiß, was für uns richtig und gut ist. Um das präzise umzusetzen, bedient sie sich unseres Unterbewusstseins für die Umsetzung. Und mir ist klar, dass unser Bewusstsein dies nicht immer versteht und sich manchmal etwas wünscht, was für uns nicht ganz so optimal wäre.

Für mich ist es keine Frage, ob wir unsere Realität erschaffen, für mich ist es vielmehr eine Frage, mit wie viel Bewusstheit wir das tun. Aus diesem Grunde lohnt es sich, die eigenen Glaubenssätze zum Thema Veränderung zu verändern, damit sich auf gute Art die Veränderung verändern kann.

Das Wissen um diese zum Teil übergroße Angst vor der Veränderung ist z. B. ein Grund, warum ich Interessenten an meinen Coaching-Programmen erkläre, dass ich sie ganz sicher durch die Veränderung begleiten werde, damit sie ihre Angst ablegen können.

8.9 Mache Deinen Perfektionismus gefälliger

„Es ist Zeitverschwendung, etwas Mittelmäßiges zu machen.“
(Madonna)

Viele Menschen, die ich kenne, gehören dem Lager der Perfektionisten an. Ich persönlich liebe Perfektionisten, weil sie so präzise arbeiten, überaus leistungsfähig und zuverlässig sind. Ich bin sicher, dass Perfektionisten niemals dumme Fehler machen. Die Fehler, die Perfektionisten machen, sind genial – darauf kommen Nicht-Perfektionisten gar nicht.

Leider hat dieser Perfektionismus eine große Kehrseite, wenn er nicht im Zaum gehalten wird. Denn dadurch, dass ein Perfektionist genau weiß, dass er Dinge, die er bisher noch nicht gemacht hat, nicht perfekt erledigen kann, fängt er gar nicht erst damit an, getreu dem Motto: Entweder perfekt oder gar nicht.

Vielleicht magst Du für Dich klären, ob auch Du Perfektionist bist, dann prüfe und ergänze Deine Glaubenssätze, damit Du Dich selbst unterstützen kannst. Meine persönliche Glaubenssatzergänzung – ja auch ich bin Perfektionist – lautet: „Optimal reicht." Wenn Du Dir das verinnerlichst, dann kannst Du etwas Neues beginnen, von dem Du nicht genau weißt, wie es funktioniert. Du kannst eine begonnene Sache besser durchhalten und mit Ausdauer zum erfolgreichen Abschluss bringen. Und Du kannst ganz sicher sein: Dein persönlicher Anspruch als Perfektionist ist weit größer und besser als der der breiten Masse.

9 Erfolgskatalysatoren

9.1 Kreiere Dir eine Vision

„In meinem Denken spielen Worte keine Rolle, sondern das assoziative Spiel in mehr oder weniger klaren Bildern."
(Albert Einstein)

Es wird Dich sehr unterstützen, wenn Du aus der Ausarbeitung Deiner Berufungs-Positionierung eine Vision entwickelst. Den Begriff der Vision verwende ich hier nicht in seiner ursprünglichen philosophischen Bedeutung, sondern ich meine damit ein persönliches „Drehbuch“, welches Auskunft über Deine Vorstellungen bezüglich Deines zukünftigen Lebens gibt. Dein Drehbuch soll als Vorlage dienen, um daraus einen inneren Film über Dein weiteres Leben machen zu können. Es zeigt Deine emotionalen Gründe, warum es sich für Dich lohnt, Deine Berufungs-Positionierung für Dich und Dein Leben umzusetzen.

Gestalte für Deine Vision Deine Ausarbeitungen so um, dass daraus eine erlebbare Geschichte wird. Gehe bitte vom umgesetzten Endzustand aus. Wie wird es sein, wenn Du Deine Berufungs-Positionierung umgesetzt hast? Ergänze das Ganze durch Deine persönlichen Beweggründe, die Dich zur Umsetzung motivieren.

Nimm in Deine Ausarbeitung auch all Deine Langzeitziele mit auf, denn Langzeitziele sind sogenannte Metaziele, die Ziele über den Zielen. Deine Metaziele zeigen Dir Deine persönlichen Gründe, aus denen Du die Motivation ziehst, die Ausdauer aufzubringen, um Dein Ziel zu erreichen. Solltest Du auf dem Weg zum Ziel auf Blockaden, Schwierigkeiten oder Probleme stoßen, wird Dir Deine Vision die Kraft und Motivation geben, die Ausdauer aufzubauen, die Dich bis zur Zielerreichung bringt. Und in der Vision sind bereits die Ziele enthalten, die Du dann, nach der Feier Deines Erfolgs, angehen kannst.

Fragen, die Dich unterstützen sollen, Deine weitere Lebensgeschichte als Vision zu erstellen

? Wie sieht die beste Version meiner Selbst aus, die ich sein werde?

? Wofür bin ich hier? – Was ist meine Mission, Lebensaufgabe, Berufung?

? Wie und wo lebe ich – mit allen Aspekten, die in Zukunft geplant sein könnten?

? Wie, was, wo arbeite ich? – Und was ist noch für die Zukunft geplant?

? Wer ist an meiner Seite? – Partner, Kinder, Freunde, Familie?

? Welches Fahrzeug fahre ich?

? Welche Hobbys habe ich?

? Was tue ich für meine Spiritualität?

? Welche positiven Veränderungen haben sich in meinem Leben ergeben?

? Wie genau sieht ein ganzer Arbeitstag aus?

? Wie gestalte ich die Balance zwischen Arbeit und Leben?

? Wie steht es um meine Finanzen?

? Was tue ich für mein persönliches Wachstum?

? Wie fühle ich mich bei dem Ganzen?

? Wie gesund fühlen sich mein Körper und meine Seele?

? Was werde ich haben, sein, tun, was ich jetzt nicht habe, bin, tue?

Ich habe in der Formulierung der Fragen bewusst die Ich-Form gewählt, denn ich halte es für wichtig, dass Du Deine Vision aus Deiner Perspektive in der Gegenwartsform (Präsens) schreibst. Amerikanische Trainer vertreten die Meinung, dass es besser ist, in der Du-Form zu schreiben. Dass überzeugt mich persönlich nicht wirklich. Unser Unterbewusstsein kann sehr wohl unterscheiden, wer „ich“ und wer „Du“ ist, und „Du“ ist eben jemand anderes.

Schreibe Deine Vision auf, am besten handschriftlich. Bringe viele Details hinein, überarbeite den Text immer wieder, damit Du Dich und Deine Vision immer weiter verbessern kannst. Diesen Text lese möglichst zweimal am Tag durch, am besten laut.

9.2 Mache aus Deiner Vision ein Mentaltraining

„Ein Traum ist unerlässlich, wenn man die Zukunft gestalten will.“
(Victor Hugo)

Aus Deiner Vision kannst Du selbstverständlich auch ein Mentaltraining machen, indem Du Dir Deine Visionsgeschichte wie einen Multicolor-Farbfilm ansiehst, natürlich mit Dolby-Surround-System. Ein Mentaltraining braucht zum Beispiel keine separate Zeit, wenn Du die Zeit vor dem Einschlafen dazu nutzt. Nur wenn Du zu den Glücklichen gehörst, die sofort einschlafen, sobald sie das Bettlaken auch nur berühren, solltest Du Dir eine andere Zeit suchen, vielleicht morgens vor dem Aufstehen – dann ist der Tag doch gleich anders eingestimmt. Und wenn Du zu den ganz Motivierten gehörst, machst Du Dein Mentaltraining eben morgens und abends.

Falls Du nicht zu den Menschen gehörst, denen es leichtfällt, ein Panoramakino in sich entstehen zu lassen, um die inneren Filme auf Großleinwand sehen zu können, kannst Du Dich unterstützen, indem Du den Text von Deiner Vision auf ein Medium sprichst, welches Du immer wieder anhören kannst. Die meisten Handys eignen sich gut dafür.

Fällt es Dir schwer, bewegte innere Bilder sehen zu können, verlagere Deine Aufmerksamkeit auf die Wahrnehmung Deiner Gefühle, wenn Du Deinen von Dir auf ein Medium gesprochenen Text anhörst.

Durch Dein tägliches Mentaltraining erhältst Du von Deinem Unterbewusstsein viel Unterstützung, denn die Bilder und Gefühle, die Du dadurch in Dir siehst und fühlst, sind Befehle, die Dein Unterbewusstsein für Dich in Deinem Leben umsetzen möchte. Deine positive Grundstimmung, die Du durch ein solches Mentaltraining erzielst, wird dazu beitragen, dass diese auch im Außen gut spürbar ist und eine entsprechende Resonanz erzeugt.

9.3 Ohne Fortschritt ist kein dauerhafter Erfolg möglich

„Es gibt nur eins, was auf Dauer teurer ist als Bildung, keine Bildung."
(John F. Kennedy)

Lange Zeit war die Aussage richtig, dass unser Wissen stagniert, wenn wir uns nicht fortbilden. Inzwischen ist diese Aussage nicht mehr korrekt. Da sämtliches Wissen auf der Welt sich immer schneller verbreitet, glaube ich, dass wir ohne stetigen persönlichen Fortschritt, Rückschritte machen.

Aus diesem Grund möchte ich Dich animieren, für Deine persönliche Fortbildung weiterhin zu sorgen. Nutze die gesamte Bandbreite der Fortbildungsangebote wie Kurse, Seminare, Webinare, Fortbildungsvideos, Workshops, Coaching-Angebote etc. Du kannst inzwischen fast von jedem Anbieter kostenlose Informationen erhalten, damit Du vorab testen kannst, wie dort Wissen vermittelt wird und ob Du dem Anbieter vertrauen kannst. Kläre vorab, ob Dir die Art und Weise der Präsentation oder der Vermittler als Mensch gefällt. Und lies bitte weiterhin regelmäßig, wie momentan, Bücher, die Dich weiterbringen.

9.4 Umsetzung heißt TUN

„Der Wert einer Idee liegt in ihrer Umsetzung."
(Thomas Alva Edison)

Etwas zu tun, bedeutet es zu tun. Es bedeutet nicht, darüber nachzudenken, es tun zu wollen, darüber zu lesen, wie es zu tun wäre, darüber zu reden, was alle möglich wäre, den Beschluss zu fassen, damit zu beginnen.

All das bringt nichts, und zwar wirklich gar nichts, wenn Du es nicht einfach tust.

Egal, was Du weißt, verstanden hast … wenn Du nicht mit der Umsetzung beginnst, dann wird sich auf keinen Fall etwas verändern. Der erste Impuls, Dein erweitertes Wissen auch in Taten umzusetzen, muss immer aus Deinem Innersten kommen.

Aus welchem Grund ist es für viele Menschen so schwer, ins Tun zu kommen? Es könnte an limitierenden Glaubenssätzen, an einem unvorteilhaften Selbstbild und/oder Selbstwert, fehlenden motivierenden Werten liegen, um nur ein paar Möglichkeiten zu nennen. Dann könnte es schnell zu der Aussage kommen: „Die Idee ist gut, machen wir auch nicht."

Weitere Hindernisse können durch unser Umfeld, durch die Menschen, die uns umgeben, verursacht werden. Wir sind in dieses Feld eingebunden und oft ist es so, dass alle möchten, dass sich bloß nichts verändert. Daher hören wir aus unserem Umfeld oft Ratschläge, die für uns nicht immer zuträglich sind, da sie Limitationen darstellen. Für manche Menschen scheint es ganz schwer zu sein, Menschen zu finden, die an sie glauben, von denen sie im Vorankommen unterstützt werden. Da das Kollektiv energetisch sehr an uns zehrt, ist es doppelt mühsam.

Wenn wir beginnen, erfolgreich zu werden, dann könnte es Neider geben. Diese treten ganz besonders dann in Erscheinung, wenn wir aus uns selbst eine Marke machen, das sogenannte Personal-Branding. Für die Menschen, die Harmonie als hohen Wert haben oder die sich bezüglich ihrer Persönlichkeitsstruktur häufig im Emotions-System-Balance, mit Belohnung Harmonie aufhalten, ist dieser Zustand ganz schlecht zu ertragen (siehe Kapitel 7 „Deine Persönlichkeit"). Der Wind kommt nun von vorne, wir werden angegriffen, wir hören Aussagen wie:

- „Das kann nicht funktionieren, weil …"
- „Wer soll denn das kaufen? – Mach Dich doch nicht lächerlich."
- „Schon klar, die Menschen haben alle nur auf Dich und Dein Produkt gewartet."
- „Was sollen denn dazu die Nachbarn sagen?"
- „Das haben schon andere vor Dir versucht und sind gescheitert."

Das ist der Grund, warum ich in meinen Coaching-Systemen gerne mit Gruppen arbeite. In der Gruppe finden gleichgesinnte Menschen zusammen, die sich nach einer kurzen Weile alle sehr gut kennen, sich gegenseitig unterstützen, Mut machen und weiterhelfen. Jeder Mensch hat immer wieder Phasen, die sich wie ein Einbruch ins Eis anfühlen. Wir fühlen uns schlecht, stellen uns und unser Tun infrage. Dann ist es unglaublich schön, wenn jemand da ist, der an uns glaubt, der bedingungslos zu uns hält, dem wir alle Befürchtungen erzählen dürfen, dem wir unsere Gefühle zeigen können – um dann gestärkt weitermachen zu können.

In meinen Coaching-Gruppen mit maximal 16 Teilnehmern hat jeder Teilnehmer einen „Buddy" – einen anderen Seminarteilnehmer, der ihm als persönlicher Berater öfter für Telefonate oder Gespräche über Skype zur Verfügung steht. Außerdem fragt er, was in der Zwischenzeit umgesetzt wurde, damit wird die Motivation im Außen nochmals erhöht. Die Termine mit mir persönlich finden jede Woche statt, entweder über Telefon, Skype, als individuell für jede Gruppe angefertigtes Online-Seminar oder als Live-Termin mit der Gruppe. Diese Komponenten wechseln sich ständig ab, sodass jeder Teilnehmer eine intensive Versorgung erfährt, bis zur Erfolgsumsetzung – und in vielen Fällen auch noch darüber hinaus.

Ein solches System gewährleistet, dass die Umsetzung wirklich funktioniert, ich spreche von einer Umsetzungsgarantie. Die Energie der Gruppe erhöht die Motivation um ein Vielfaches. Es entstehen Freundschaften und wir haben damit die Möglichkeit, unseren bestehenden Freundeskreis zu erweitern. Bisher war es noch nie so, dass der Kontakt nach Beendigung einer Gruppensequenz von einem halben Jahr eingestellt wurde. Wir telefonieren und sehen uns auch weiterhin. Mich persönlich freut es immer, zu hören, dass es gut weitergeht.

Wenn Du gerne Kontakt zu gleichgesinnten Menschen haben möchtest, würde es vielleicht Sinn machen, Dir eine eigene Gruppe zu suchen, in der ihr dann gemeinsam mit dem Buch arbeiten oder weiterarbeiten könnt. Solche eine Arbeit bereichert immer alle Teilnehmer, und der Austausch macht zudem oft viel Spaß. Falls Ihr Fragen habt oder Unterstützung benötigt, meldet Euch gerne bei mir. Allein auf ein solches Angebot zurückgreifen zu können, bedingt oft, dass es nicht gebraucht wird.

10 Du hast es geschafft: Zeige Dich im Außen

Natürlich ist es jetzt wichtig für Dich, langsam mit der technischen Umsetzung zu beginnen. Du brauchst eine Website, gegebenenfalls eine Landingpage. Selbstverständlich sind diese so zu erstellen, dass Du von den Internet-Suchmaschinen auch unter Deinen Keywords gefunden wirst.

Zudem musst Du für Dich entscheiden, in welchen Social-Media-Bereichen Du vertreten sein willst, um Deine Kunden erreichen zu können.

Kläre für Dich außerdem, wie es Dir gelingt, Dich und Dein Unternehmen bekannter zu machen. Kannst Du Vorträge halten? Wären Webinare eine Möglichkeit für Dich? Gibt es Interessengruppen, denen Du Dich anschließen kannst? Gibt es Produkte, die Du kostenlos anbieten kannst, um Kundenkontakt zu generieren?

Du solltest für Dich eine Marketingstrategie erstellen, die Du umsetzen kannst.

In diesem Buch werde ich die Marketingkomponenten nicht weiter ausführen, da hier weder der richtige Ort noch der Platz dafür ist. In den nächsten beiden Unterkapiteln folgen allerdings zwei Tipps, die sich derart gut bewährt haben, dass ich sie Dir nicht vorenthalten möchte.

10.1 Garantie für die Erleichterung der Kaufentscheidung

„Halte immer, was Du versprochen hast,
und verspreche nur das, was Du auch halten willst."
(Verfasser unbekannt)

Jeder von uns kennt das: Wir kaufen etwas und schon nach kurzer Zeit stellt sich Kaufreue ein. „War meine Entscheidung richtig? Gibt es noch eine bessere Lösung? Nutzt es mir wirklich etwas?“ – viele Gedanken und ein schlechtes Gefühl. Wir scheuen oft vor der Kaufentscheidung zurück, weil wir die mit dem Kauf verbundenen Konsequenzen nicht einschätzen können. Wie schön ist es doch, wenn uns als Käufer das Risiko genommen wird. Ich darf zuerst in Ruhe testen und kann mich danach dafür oder dagegen entscheiden.

Es gibt eine Vielfalt von Möglichkeiten, dem Kunden ein gutes Gefühl zu schenken: Zufriedenheitsgarantie, Geld-zurück-Garantie, die Garantie der Nullkosten bei Nichtgefallen oder Differenzen bei zugesagten Leistungen oder Merkmalen, um eine Auswahl zu nennen.

Garantien bauen Kaufhemmschwellen ab und nehmen dem Kunden die Angst vor einer Fehlentscheidung. Durch die Garantie kann der Kunde seine Angst vor negativen Konsequenzen ablegen. Damit machen wir es dem Kunden leichter, eine Entscheidung zu treffen.

Eine Garantie einzuräumen, setzt allerdings voraus, dass Du sicher sein kannst, dass Deine Kunden mit Deinem Produkt zufrieden sein werden. Ist dies nicht gegeben, ist es sinnvoll, die Qualität Deiner Produkte vorerst zu optimieren. Der erste, der von Deinem Produkt zu 101 Prozent überzeugt sein musst, bist Du.

Durch das Garantieangebot vermittelst Du Deinen Kunden, dass Du von Deinen Produkten oder Dienstleistungen absolut überzeugt bist.

Die Garantie sollte bedingungslos ausgesprochen werden. Wenn Du das nicht authentisch willst, dann lass es besser sein.

Fragen, um Deine möglichen Garantieleistungen festzulegen

? Bist Du zu 101 Prozent von Deinem Produkt, Deiner Dienstleistung überzeugt?

? Welche Garantien wären möglich?

? Welche Garantien willst Du einräumen?

? Hast Du Angst vor Reklamationen?

? Hast Du Angst vor Kunden, die sich Leistungen erschleichen wollen?

Keine Angst vor Reklamationen

„Wer einen Fehler gemacht hat und ihn nicht korrigiert, begeht einen zweiten."
(Konfuzius)

Viele Unternehmer sehen Reklamationen als eine Art persönlichen Angriff an. Diese Sichtweise ist schade, denn in dieser Form der Kundenrückmeldung liegt das größte Potenzial für Verbesserungen. Wir haben sozusagen einen kostenlosen Mentor im Kunden, der reklamiert. Nur wenn Du souverän mit Reklamationen umgehen kannst, wirst Du in der Lage sein, gute Kontakte zu Deinen Kunden aufbauen zu können.

Tue einfach alles, um Deine Kunden zufriedenzustellen. Mit Deinen eigenen Problemen, die Du mit und durch die Reklamation eventuell hast, kannst Du Dich später auseinandersetzen.

Schaffe in jedem Fall eine Möglichkeit, dass Deine Kunden sich mit möglichen Reklamationen an Dich wenden. Dies ist gar nicht so selbstverständlich, denn die meisten Menschen beschweren sich nicht direkt bei Dir, sondern erzählen es ihrem Umfeld, sodass du von der Unzufriedenheit Deiner Kunden nichts erfährst. Die Regel besagt, dass Kunden darüber häufiger sprechen, dass sie mit einer Leistung unzufrieden waren, als im umgekehrten Fall, wenn es nichts zu beanstanden gab. Wird der Kunde jedoch dazu aufgefordert, Dir seine Vorbehalte, Sorgen und seinen Unmut zu erzählen, ist er an der richtigen Adresse.

Sicher können wir mit eindeutig nachweisbaren Fehlern, z.B. einem defekten Produkt, besser umgehen, als mit vom Kunden vorgebrachten Mängeln an Dienstleistungen, die einen großen Spielraum für Interpretation bieten. Bemühe Dich deshalb, Deinen Kunden zufriedenzustellen, obwohl er mit Deinem Produkt im Prinzip nicht glücklich war, dann hast Du einen Kunden, der Dich weiterempfehlen wird, obwohl er mit Deiner Leistung anfänglich nicht zufrieden war. In einer Reklamationssituation dürfen wir davon ausgehen, dass der Kunde sich auf eine Auseinandersetzung eingestellt hat. Wenn diese ausbleibt, dann könnte er angenehm überrascht sein.

Ich weiß, wie schwer es ist, eine Kundenbeschwerde ruhig anzunehmen und den Kunden auch noch zu entschädigen, wenn wir absolut unser

Bestes gegeben haben. Wir fühlen uns relativ schnell persönlich angegriffen. Erinnere Dich in solch einer Situation an den Leitsatz: „Jeder Mensch hat immer und überall Recht – allerdings nur und ausschließlich für sich selbst."

Bedenke, dass ein Mensch, der Kritik übt, Dir im ersten Moment Zeit schenkt, da er darüber nachgedacht hat, was Du verbessern könntest. Dann gibt es zwei Möglichkeiten:

1. Der Kunde hat Recht – dann hast Du die Möglichkeit in Form einer Verbesserung.
2. Der Kunde hat Unrecht – dann ist es eine Projektion: Diese kommt nicht so oft vor, als dass Du nicht absolut souverän damit umgehen könntest. Versuche, Dich in Deinen Kunden hineinzuversetzen und zu ergründen, aus welchem Grund er reklamiert. Bemühe Dich, ihm in seinem Recht zu belassen und ihn entsprechend zu entschädigen. Frage ihn, was Du tun kannst, damit er zufrieden ist. Wenn seine Reklamation nicht ganz aus der Luft gegriffen ist, entschädige ihn und lass ihn los. In jedem Fall sollten wir die Reklamation als Hinweis für höchst effiziente Leistungsverbesserung ansehen.

Solltest Du über Gebühr viele Reklamationen erhalten, dann prüfe als erstes Dein Produkt. Sollte mit diesem alles absolut in Ordnung sein, dann prüfe, ob Dich Glaubenssätze leiten, die aus der Angst entstehen, zu glauben, Deine Kunden wollten alles umsonst haben. Viele meiner Klienten haben für sich auch Glaubenssätze identifiziert wie: „Es gibt schon blöde Kunden …". Ich habe keine blöden Kunden, wohl aber welche, die für mich eine echte Herausforderung darstellen. Ich habe mich deshalb entschieden, Herausforderungen zu lieben.

Bearbeite Deine Glaubenssätze und Du wirst sehr wenige Reklamationen erhalten. Ich habe in 21 Jahren Selbstständigkeit sechs Reklamationen erlebt. Im Kundenkontakt sollte es unser oberstes Ziel sein, den Kunden Respekt und Verständnis entgegenzubringen und Vertrauen und Loyalität aufzubauen. Bedenke, dass unsere Kunden das Wichtigste in unserem Unternehmen sind – sie bezahlen uns unsere Brötchen und den Rest.

10.2 Entwickle ein System aus Deinen Produktangeboten und Dienstleistungen

Bemühe Dich, ein System für Deine Produktangebote zu erstellen, welches aufbauend strukturiert ist. Der Kunde kann das Fundament kaufen, dann mehrere darauf aufbauende Produkte oder Dienstleistungen, die das Fundament ergänzen und erweitern. Wenn Du so willst, in der Anordnung Anfänger, Fortgeschrittene, Master, Trainer. Eine andere wichtige Einteilung ist: kostenlose Produkte, kleinpreisige, mittelpreisige und hochpreisige Produkte; möglich ist auch eine Einteilung in Premium, Platin, Gold und Silber.

Ich werde mein System hier wieder als Beispiel anführen.

Kostenlose Produkte dienen dazu, mit dem Kunden in Kontakt zu kommen. Ich biete ein kostenloses Telefoncoaching von 30 Minuten Dauer an. In diesem Gespräch verweise ich auf ein weiteres kostenloses Produkt, nämlich einen Unternehmercheck. Dies ist ein relativ umfangreicher Fragebogen, dessen Auswertung dem Kunden zum einen zeigt, wo er steht, und Auskunft darüber gibt, was noch fehlt. Nach der Auswertung führe ich mit dem Kunden ein weiteres für ihn kostenloses Telefonat von 30 Minuten Dauer, in dem ich dann gezielte strategische Unterstützung leisten kann. Diese Konstellation hat den Vorteil, dass der Kunde den Test sofort ausfüllen kann, im Anschluss erhält er ein fundiertes kostenloses Coaching von einer Stunde. Danach kann der Kunde entscheiden, ob eine weitere Zusammenarbeit für ihn von Vorteil wäre, denn nun weiß er, ob „die Chemie zwischen uns stimmt". Ebenso kann er jetzt beurteilen, ob er mir vertraut oder nicht.

Marketingfirmen behaupten oft, dass sich jetzt eine Sequenz von mindestens sieben E-Mails anschließen soll, damit weiteres Vertrauen aufgebaut wird. Ich halte das für ziemlich nervig aus Kundensicht. Es ist sinnvoller, alle zwei Wochen einen Newsletter zu schreiben oder auf neue Blogbeiträge zu verweisen, wenn es denn solche gibt. Ich bin der Ansicht, dass der Kunde sich mit einem solchen Vorgehen wohler fühlt – doch das muss sicher in jedem Fall individuell entschieden werden. Viele Kunden müssen allerdings über einen längeren Zeitraum von Dir wiederholt kontaktiert werden, bevor sie sich zum Kauf entscheiden. Gib nicht zu früh auf, sondern bleibe am Ball.

Die nächste Stufe im System sind die kleinpreisigen Produkte. Nun kann jeder Mensch völlig unterschiedlicher Meinung sein, was genau ein kleiner Preis ist. Für mich ist das eine kaufmännische Entscheidung. Zu meinen kleinpreisigen Produkten zählen z. B. dieses Buch oder auch ein Einsteigerseminar, dessen Preis so kalkuliert ist, dass dabei kaum Gewinn entstehen kann. Die Kosten für die Räume, die Tagungspauschale und die An- und Abreise etc. müssen zumindest abgedeckt sein, ansonsten würde ich dafür bezahlen, arbeiten zu dürfen. Dieses Seminar erklärt den kompletten Durchlauf eines Sechsmonatscoachings und hat ausgesuchte Bearbeitungssequenzen. Der Kunde hat dadurch die Möglichkeit, meine Arbeits- und Vorgehensweise weiter kennenzulernen, und kann für sich klären, ob er weitere Dienstleistungen buchen möchte.

Auf der mittleren Preisstufe befindet sich ein sechsmonatiges Elite-Coaching-System mit vier Komponenten, die wiederkehrend sind, und daneben besteht die Möglichkeit, individuelle Einzelcoaching-Komponenten zu buchen. Das ist das Segment, das ich als Hauptgeschäft bezeichne. Hier ist die kaufmännische Kalkulation so gewählt, dass es für den Kunden preislich erschwinglich ist und für mich ein Gewinn verbleibt.

Mein Premiumprodukt ist das vorgenannte Elite-Coaching-System für einen Einzelkunden. Es kommt seltener vor, dass diese Komponente gebucht wird, da Premiumprodukte und die dazugehörigen Premiumpreise psychologisch auf die meisten Menschen abschreckend wirken. Wenn ich das Produkt öfter verkaufen wollte, wäre es sinnvoll, ein darüberstehendes Platin-Produkt zu kreieren, denn es scheint immer nur die Spitze zu sein, die sich weniger gut verkaufen lässt.

Nehmen wir das klassische Beispiel der Fluggesellschaften, das das Thema Preisklassen so einleuchtend erklärt: Die meisten Fluggesellschaften haben real die erste Klasse nicht mehr verfügbar. Das, was früher First-Class war, nennt sich jetzt Business-Class. Nur im Angebot, nicht aber im realen Flugzeug besteht immer noch die Möglichkeit, ein First-Class-Ticket zu einem Horrorpreis zu kaufen. Wenn man diesen dann mit dem Preis der Business-Class vergleicht, erscheint dieser gar nicht mehr so hoch. Und siehe da, die Business-Class ist ausgebucht.

Ich bin sicher, dass es Dir gelingen wird, meine Beispiele auf Deine Produktpallette zu übertragen und ein für Dich passendes System zu erstellen.

Fragen zur Systemfindung für Deine Produkte

? Welches System ist mit Deinen Produkten/Dienstleistungen möglich?

? Welche kostenlosen Produkte/Dienstleistungen bietest Du an?

? Welche kleinpreisigen Produkte/Dienstleistungen willst Du anbieten?

? Welche mittelpreisigen Produkte/Dienstleistungen willst Du anbieten?

? Was genau macht das Premiumsegment Deiner Produkte/Dienstleistungen aus?

? Wie genau sollte Dein System aussehen, damit Du genau das Produkt oder die Dienstleistung verkaufen kannst, die Dir persönlich am meisten Spaß macht?

Du hast es geschafft und kannst sehr stolz auf Dich sein. Deine umfangreiche Bearbeitung hat Dich in die Lage versetzt, Deine Berufung zu finden und diese am Markt zu positionieren. Die Technik bringt Dich und Deine Produktangebote „in die Welt".

Das nächste Kapitel vermittelt Dir, was zu tun ist, um weiterhin erfolgreich zu bleiben.

11 Wie Du weiterhin erfolgreich bleibst

11.1 Die Prüfung Deiner Positionierung wird immer weiter erfolgen müssen

„Ausdauer wird früher oder später belohnt. Meist später."
(Wilhelm Busch)

Es wäre ideal, wenn Du für die Arbeit an Deiner Positionierung einen monatlichen Termin reservierst. Ich halte es für zwingend erforderlich, immer wieder zu überprüfen und zu verbessern.

In der heutigen total vernetzten Welt wird alles, was gut ist, sofort von diversen Menschen kopiert. Es ist eine Illusion, zu glauben, dass wir eine Alleinstellung lange halten können, ohne daran zu arbeiten.

Daher ist eine kontinuierliche Beschäftigung mit den Bedürfnissen Deiner Zielgruppe notwendig. Bemühe Dich, weiterhin Lösungen zu entwerfen, die noch keiner angeboten hat. Beziehe Deine Kunden, wenn es möglich ist, mit ein, indem Du immer wieder Umfragen machst.

Sicher ist es auch günstig für Dich, wenn Du einen Vergleich mit Deinen Mitbewerbern anstellst. Doch vergleiche Dich nicht ständig mit anderen, sondern konzentriere Deine Energie auf Dich und die Umsetzung Deiner Projekte. Dadurch wirst Du immer besser mit dem, was Du tust, und baust Deinen Expertenstatus immer weiter aus.

Fragen zur monatlichen Überprüfung Deiner Positionierung

? Hat sich das Problem Deiner Zielgruppe geändert? – Wenn ja, wie?

? Überprüfe auch Deine Persona regelmäßig? – Stimmt noch alles für Dich?

? Gibt es eine Möglichkeit der weiteren Spezialisierung? – Wenn ja, welche?

- ? Gibt es in Deiner Zielgruppe eine weitere Untergruppe mit speziellen Problemen?
- ? Haben Deine Kunden Partnerschaften? – Wenn ja, welche?
- ? Welche Probleme haben diese Zielgruppen-Partner?
- ? Gibt es Veränderungen am Markt? – Wie kannst Du darauf reagieren?
- ? Welche Dienstleistungen kannst Du entwickeln, die es noch nicht gibt?
- ? Welchen Service kannst Du anbieten, den es woanders nicht gibt?
- ? Kannst Du etwas neu zusammenstellen und umbenennen?

11.2 Feiere Deinen Erfolg

„Immer, wenn Du nicht glücklich bist, machst Du etwas falsch."
(Kurt Tepperwein)

Du hast ganz viel Energie und Zeit darauf verwandt, Deine Berufungs-Positionierung zu finden und Deine Erkenntnisse umzusetzen. Behalte Deine Glaubenssätze weiterhin im Auge, damit Du Dein Handeln nicht blockierst.

Baue Deine Resonanz aus, damit Du schnellstmöglich Deine Traumkunden anziehst und mit ihnen gute Geschäfte machst.

Nimm Dir jetzt auch die Zeit, Deine Erfolge in der Bearbeitung und Umsetzung wahrzunehmen und gebührend zu feiern. Du kannst richtig stolz auf Dich und Deine Leistungen sein.

Ich finde es richtig und wichtig, in der Zeit der Zielumsetzung so viel Zeit und Energie darauf zu verwenden, wie nur eben möglich ist. Selbstverständlich vernachlässigen wir dabei andere Dinge im Leben. Deshalb möchte ich Dich an dieser Stelle erinnern, jetzt darauf zu achten, dass Zeit und Energie wieder gleichmäßig auf alle Lebensbereiche verteilt werden.

Um diese Balance zu prüfen, empfehle ich Dir die folgende Übung, damit alle Lebensbereiche wieder ausgewogen mit Zeit und Energie versorgt sind.

ÜBUNG

Übung für ganzheitliche Ausgewogenheit nach der Zeit der Zielumsetzung

Erstelle Dir eine Liste mit allen Lebensbereichen, die für Dich und Dein Leben wichtig sind. Die am häufigsten verwendete Unterteilung lautet:

- O Gesundheit und Fitness
- O Partnerschaft
- O Familie – Kinder
- O Freunde
- O Hobbys – Freizeit
- O Persönliches Wachstum
- O Beruf
- O Finanzen
- O Spiritualität

Ergänze die Liste um die Bereiche, die Dir wichtig sind. Dann zeichne auf ein Blatt einen Kreis, den Du in entsprechend viele Dreiecke unterteilst, wie Du wichtige Lebensbereiche für Dich gefunden hast. Selbstverständlich findest Du eine Vorlage für diese Übung als Download auf meiner Internetseite: www.engel4success.de.

Nun zeichne in jedes Dreieck einen Punkt für die Jetzt-Situation, wobei der Kreismittelpunkt die Null darstellt, der äußere Kreis die Zahl 100. Dein Punkt steht für die Zahl in Prozent, die Du für diesen Lebensbereich an Zeit und Energie investierst.

Wenn Du alle Lebensbereiche mit Punkten versehen hast, verbinde mit einem farbigen Stift die einzelnen Punkte zu einer neuen geometrischen Form innerhalb des Kreises. Du kannst so sehr eindrucksvoll sehen, wo genau Du mehr oder weniger Zeit und Energie einsetzt.

Nur Du kannst für Dich entscheiden, ob das alles so in Ordnung ist. Wenn nicht, hast Du sicherlich erste Veränderungsideen.

Fragen zur Ergänzung

(Finde zu jeder Frage mind. 3 Antworten):

? Welche Ziele hast Du im Bereich Gesundheit und Fitness?

? Welche Ziele hast Du im Bereich Partnerschaft?

? Welche Ziele hast Du im Bereich Familie? – Kinder?

? Welche Ziele hast Du im Bereich Freunde?

? Welche Ziele hast Du im Bereich Hobbys/Freizeit?

? Welche Ziele hast Du im Bereich „Persönliches Wachstum"?

? Welche Ziele hast Du im Bereich Beruf?

? Welche Ziele hast Du im Bereich Finanzen?

? Welche Ziele hast Du im Bereich Spiritualität?

? Welche Ziele hast Du im Bereich Deiner Ergänzungsthemen?

12 Meine eigene Geschichte

12.1 Meine Berufung

„Am Ende meines Lebens werde ich nicht gefragt:
Warum warst Du nicht Jesus, Bhudda oder Moses?
Ich werde gefragt: Warum warst Du nicht Du?"
(Verfasser unbekannt)

Mir war ganz früh im Leben klar, was meine Berufung ist. Bereits vor dem Schulabschluss wusste ich: Ich will Menschen unterstützen, ihre eigenen Lösungen zu finden, damit sie ein glücklicheres Leben führen können. Bei der Umsetzung meiner Berufung bin ich allerdings viele Umwege gegangen. Meine erste Ausbildung zur Zahnarzthelferin war nicht meine Berufung. Das wurde mir bereits während der Lehrzeit klar, trotzdem habe ich die Ausbildung abgeschlossen. Danach arbeitete ich einige Jahre – war aber mit meiner beruflichen Situation nicht wirklich glücklich.

Mein eigentliches Berufungsziel hatte ich mittlerweile aus den Augen verloren. Nun dachte ich an eine kaufmännische Tätigkeit im Büro. Ich ließ mich zur Bürokauffrau umschulen und arbeitete mich in einem kleinen Unternehmen schnell zur Assistenz der kaufmännischen Geschäftsleitung hoch. Hier waren dann wenigstens zum Teil Überbleibsel meiner Berufung spürbar: Ich war u. a. zuständig für das Personal.

Nach vielen Jahren in dieser Tätigkeit wagte ich dann endlich den Sprung und kündigte, um mich selbstständig zu machen. Inzwischen hatte ich geheiratet und mein Mann gab mir die finanzielle Sicherheit, diesen Absprung zu wagen.

Ich arbeitete als Reiki-Meisterin und -Lehrerin und als Meditationslehrerin, um mir das Geld zu verdienen, eine Heilpraktiker-Ausbildung zu machen. Die Ausbildungsmöglichkeiten der Heilpraktiker für Psychotherapie wurden von den Heilpraktiker-Schulen noch nicht angeboten, da es ja noch keine Möglichkeiten gab, eine solche Prüfung zu machen, denn das entsprechende Gesetz war noch nicht verabschiedet.

Als ich zwei Jahre Ausbildung im Heilpraktiker-Kurs hinter mir hatte, gab es dann diese Möglichkeit. In der Heilpraktiker-Schule, die ich besuchte, befand sich unser Arbeitsraum im ersten Stock, die Psychotherapeuten arbeiteten im Keller. Wie oft habe ich mir in dieser Zeit gewünscht, in den Keller abzubiegen und den psychotherapeutischen Unterricht zu besuchen. Leider hat der kaufmännische Teil meiner Persönlichkeit das lange verhindert mit den Aussagen: „Ich bin schon zu weit.“; „Es ist zu teuer.“; „Es ist nicht wirtschaftlich.“ Kurz vor der Abschlussprüfung zur Heilpraktikerin hatte ich dann einen Unfall, der es mir nicht erlaubte, diese Prüfung erfolgreich abzuschließen.

Und plötzlich war alles kein Problem mehr. Mehr Kosten, mehr Zeit, wirtschaftlich unklug – und schon vier Wochen später saß ich als Quereinsteigerin im Keller bei den Psychotherapeuten. Schnell hatte ich mich von den Folgen des Unfalls erholt. Der Unterricht viel mir leicht und machte Spaß. Endlich war ich dort angekommen, wo mein wirkliches Interesse lag.

Nun musste ich mich erneut entscheiden: Wo soll die Prüfung stattfinden? Jeder Prüfungsort hat eigene Prüfungsverfahren und durch die unterschiedlichen Amtsärzte auch andere Schwerpunkte der Befragung. Es gibt in Deutschland keine einheitliche Wissensabfrage für diese Prüfungen. Jeder Prüfungsanwärter muss sich üblicherweise an seinem Wohnort zur Prüfung anmelden. Wenn man nun feststellt, dass die Art der Befragung – wie z. B. mündlich oder schriftlich, psychiatrisch oder psychotherapeutisch, nicht liegt, wenden viele Prüfungsanwärter den Trick an, zu behaupten, sie wollen in eine andere Stadt umziehen, und zwar in genau die, deren Prüfungsverfahren ihnen gefällt. Es wird niemals der Nachweis gefordert, ob diese Menschen wirklich in die Stadt umgezogen sind, es reicht die schriftliche Vorabankündigung, es zu planen. Beispielsweise lebt die Stadt Husum mit einer gefälligen schriftlichen Prüfung im Multiple-Choice-Verfahren gut von den vielen Prüfungsgebühren der Heilpraktiker-Prüflinge. Würden alle Heilpraktiker, die das über diesen Weg angekündigt haben, dorthin umziehen, wäre Husum auf der Stelle zehn Mal größer als Hamburg.

Ich entschied mich, wie oft im Leben, für den steileren Weg – für eine Prüfung in Bremen. Als Bremerin war dieser Prüfungsort für mich der gesetzlich korrekte. Die Stadt Bremen hat sich entschieden in einer mündlichen Einzelbefragung durch zwei bis drei Amtsärzte ausschließlich Psychiatrie zu prüfen. Da es wie überall um die Erlaubnis der Heilkunde auf dem Gebiet der Psychotherapie geht, hat das Stadtamt Bremen entschieden, von den Prüfungsanwärtern Nachweise für abgeschlossene und zertifizierte Fachausbildungen als Grundlage für die Möglichkeit zur Prüfungsanmeldung zu fordern. In Fachkreisen gilt die Prüfung in Bremen als recht herausfordernd, und so liegt die jährliche Durchfallquote bei über 80 Prozent.

Ich hatte parallel bereits meine Ausbildung als NLP-Practitioner abgeschlossen und eine Basisausbildung in allen großen Therapieformen absolviert. Ich wollte den NLP-Masterkurs beenden und mich ein halbes Jahr später zur Prüfung anmelden. Dann überschlug sich alles. Die Regierung hatte kurzfristig geplant, die Prüfungen für die Heilpraktiker für Psychotherapie wieder abzusetzen. Nun musste alles ganz schnell gehen. Ich legte die Prüfungen für den internationalen NLP-Master und den Heilpraktiker für Psychotherapie zeitgleich ab. Daneben arbeitete ich jede freie Minute in meiner im Januar 1995 eröffneten Praxis, damit ich die laufenden Kosten zahlen konnte.

Bereits während der Ausbildung arbeitete ich mit Klienten und wurde für das, was ich richtig gerne tat, auch noch bezahlt. Ich bemerkte, dass ich bei dem angekommen war, was mir so wichtig erschien: der wirklichen Unterstützung von Menschen im persönlichen Wachstum.

Um meine Klienten noch besser unterstützen zu können, kreierte ich das Wochenseminar „SchöpferIn sein, erfolgreicher im Jetzt leben". So wie die biblische Schöpfung dauerte jedes Seminar sieben Tage. Jeder Teilnehmer brachte drei Ziele mit. Im Seminar wurde dann jedem Teilnehmer vermittelt, wie er diese Ziele und jedes weitere Ziel in der Zukunft bearbeiten und umsetzen konnte.

Nebenbei machte ich weitere Fachfortbildungen für die praktische Arbeit. Ausbildungen in Systemischer Psychotherapie, Hypnose- und Trancetechniken, provokative Therapie und Wingwave. Das neue Wissen gab ich sofort an die Teilnehmer weiter, verbesserte den Seminarprozess immer weiter und weiter.

Alle fünf Wochen führte ich ein Seminar mit fünf Teilnehmern durch, alle drei Monate wurde dies um ein Seminar in Systemischer Psychotherapie ergänzt. Ich war glücklich, so glücklich. So genau hatte ich mir das vorgestellt, so sollte es bleiben in meinem Leben. Alles erschien mir perfekt, ich konnte nichts mehr verbessern, das war die Krönung meiner Schöpfung. Ich war angekommen, so heil und zufrieden, dachte ich, kann es mein ganzes Leben weitergehen.

12.2 Der Anfang vom Ende

„Wer aufhört besser zu werden, hat aufgehört, gut zu sein."
(NLP-Sinnspruch)

Und genau das war einer meiner Fehler. Ohne weiteres Wachstum tritt zuerst eine Stagnation ein, dann Rückschritt. Das ging langsam, und ich war derart betriebsblind, dass ich es nicht wahrnehmen wollte. Es kamen weniger Teilnehmer: Meine logische Erklärung hieß: „Die Wirtschaftslage ist schlecht." Da ich mich an ein gewisses finanzielles Niveau gewöhnt hatte, suchte ich Möglichkeiten, dieses zu halten. Ich nahm aus finanziellen Gründen ein Ernährungsprogramm mit ins Repertoire auf. Das fand viel Zulauf, ich hatte so viel zu tun, dass ich eine Hilfskraft einstellen musste.

Meine therapeutischen Seminare fanden allerdings nicht mehr alle fünf Wochen statt, sondern nur noch alle drei Monate, die Teilnehmerzahl blieb weiter gesenkt. Die Abstände zwischen den Seminaren wurden immer größer. Bisher waren Teilnehmer in den Seminaren vertreten, die meiner Persona zum großen Teil entsprachen. Dann bemerkte ich, dass ich plötzlich eine Resonanz auf Teilnehmer entwickelt hatte, die weit von meiner Persona abwichen. Ich fühlte mich nicht mehr wohl in meinen eigenen Seminaren, konnte mich nicht mehr in den Klienten sehen.

Dann beging ich sämtliche Fehler, die bereits viele Kleinunternehmer vor mir gemacht hatten: Ich erweiterte meine Produktpalette. Ich fragte die Teilnehmer, was sie sich wünschen würden. Sie antworteten: „Wenn Du XY anbietest, dann komme ich auch." Ich bot XY an, aber sie buchten meine Seminare nicht. Ich senkte die Preise. Ich dachte: „Wenn die Wirtschaftslage doch so schlecht ist, vielleicht können die Menschen sich das gerade jetzt finanziell nicht leisten." Irgendwann dämmerte mir, dass keiner mehr meine Angebote wahrnehmen würde, selbst wenn ich noch etwas dafür bezahlen würde.

Natürlich hatte ich auch hierfür wieder eine logische Erklärung parat: Ich dachte, es läge vielleicht daran, dass die Menschen keine Lust mehr auf Live-Seminare hätten, dass sie einen anderen Kanal zur Kommunikation bräuchten. Ich erweiterte meine Leistungen um ein Telefonportal. Selbstverständlich suchte ich mir für die Erstellung der dafür notwendigen Technik genau den Techniker aus, der lange brauchte, krank wurde, keine Zeit und/oder keine Lust hatte. Es dauerte fast ein Jahr, bis das Internet-Telefonportal endlich so weit war, dass es lief. Und dann kamen Kunden, die ich ganz bestimmt nicht wollte, mit Problemstellungen, mit denen ich mich nicht identifizieren konnte.

In der Zeit zwischen den Jahren 2011 und 2012 konnte ich es nicht mehr ignorieren – meine Selbstständigkeit war in einer großen Krise. Ich war umgeben von übergewichtigen Menschen, sprach über Essverhalten und langweilte mich. Ich hatte keine Lust mehr auf diese Unterhaltungen. Meine Angestellte hatte gekündigt, weil sie meinte, durch diese Art der Arbeit krank zu werden.

Das von mir verdiente Geld steckte ich in die Firma: Internetseiten, Möbel für ein zweites Sprechzimmer usw. Das Budget für Fortbildungen, die ich so gerne besuchte, schrumpfte und war schließlich gar nicht mehr vorhanden. Ich machte günstigere Fortbildungen, Webinare, besuchte kostenlose Veranstaltungen. Jetzt hätte ich ganz dringend einen Coach gebraucht – doch den konnte ich nicht mehr bezahlen, ich hatte zu lange untätig gewartet.

Ich suchte mir Nebenjobs, damit ich wenigstens die Räume und die weiteren laufenden Kosten bezahlen konnte. Ich arbeitete für weniger als den heutigen Mindestlohn, den es damals noch nicht gab. Dann bekam ich eine bessere Stelle als Psychologin auf Honorarbasis in einer Kurklinik. Das machte viel Spaß, ich war erfolgreich. Da ich nur als Vertretung für einen Mitarbeiter eingesetzt wurde, der eine persönliche Auszeit nahm, war diese Zeit schneller zu Ende, als gedacht, denn der Mitarbeiter bekam Angst um seine Stelle und kehrte früher zurück.

Dann kam der Plan auf, mich mit einer Kollegin zusammenzutun und in einer selbstständigen Partnerschaft zu arbeiten. Sie hatte neben ihrer Coaching-Ausbildung eine Marketingausbildung absolviert. Bei den neuen Marketingformen hatte sich ja inzwischen ganz viel getan. Ich dachte, es sei eine wunderbare Ergänzung. Mir fehlte das Wissen in Sachen Marketing, sie erklärte, sie bräuchte für den Anfang eine Unterstützung, um sich auf die Bühne vor Menschen zu trauen. Ein halbes Jahr arbeitete ich viel für unser gemeinsames Projekt, dann hatten wir ein Treffen bei ihr vor Ort. Ein Firmenname, erstellte Logos, Konzepte … und es wurde klar: Es passt nicht mit dieser Kollegin, sie hatte entschieden, doch nicht mit mir zu arbeiten. Nun war ich wirklich pleite.

Am 1. Januar 2015 hätte ich mit meiner Praxis 20-jähriges Jubiläum feiern können, einen Tag vorher schickte ich sie jedoch in einen tiefen „Dornröschenschlaf".

12.3 Mein freier Fall

Ich verstand meine Welt nicht mehr. Ich dachte positiv, ich war glücklich. Was war schiefgelaufen? – Ich war zuerst einmal ratlos. Alle eigenen Analysen brachten mich nicht weiter. Aus welchem Grund funktionierte mein bis dahin angewandtes Wissen nicht mehr?

Wenn ich gefragt wurde: „Wie geht es Dir, wie läuft das Geschäft?", zählte ich nicht wieder und wieder alle Probleme auf, sondern antwortete weiterhin positiv: „Super, alles gut …" In mir tobte ein Sturm. Ehrlichkeit ist einer meiner zentralen Werte im Leben, und das, was ich da erzählte, war schlichtweg nicht wahr. Das fühlte sich ganz und gar falsch an. Ich war traurig. Ich weinte viel, riss mich aber immer wieder zusammen. Wenn es mir nicht gelingen würde, weiterhin positiv zu denken, dann würde ich es nicht hinbekommen. Es wurde immer schwerer. Meine Realität war nicht so positiv, wie ich mir sie mir in Gedanken ausmalte. Je länger es dauerte, je trauriger wurde ich. Mein Selbstvertrauen, das bis dahin unerschütterlich war, litt.

Dann kam die Wutphase. Ich war wütend auf mich, auf das Universum, auf alles. Das ging so weit, dass ich all meine Grundsätze infrage stellte. Das ist doch alles nur samt und sonders esoterischer Schwachsinn. Wir haben keinen Einfluss auf das Leben. Alles ist vorbestimmt und mein Glück ist zu Ende, ich wurde vergessen. Ich war wütend auf Gott, der konnte mich mal …, oder noch besser: Es gibt ihn nicht, diese Energieform ist nicht existent.

Immer noch versuchte ich, möglichst wenig darüber zu sprechen, um die ganze Sache nicht noch schlimmer zu machen. Wenn ich dann darüber sprach, wurde ich immer wieder gefragt: „Was ist denn gedanklich schiefgelaufen?" Ich wusste es nicht.

Bis zum Absturz war ich sehr stolz darauf gewesen, finanziell immer für mich selbst sorgen zu können, immer etwas zum gemeinsamen Einkommen beizutragen. Zwischenzeitlich konnte ich weder Miete und Nebenkosten für die Arbeitsräume noch meine Krankenversicherung bezahlen. Mein Mann übernahm die Kosten. Ich musste lernen, dass die Welt nicht untergeht, selbst wenn ich mir von „seinem“ Geld etwas zum Anziehen und zum Essen kaufen musste. Ihm schien das alles überhaupt nichts auszumachen, mir schon. Da ich so wenig einverstanden war, verlängerte und verschlimmerte ich dadurch die Situation nochmals heftig.

Ich suchte nach Möglichkeiten, Geld zu verdienen, und fing als Selbstständige bei einer Versicherung an. Ich verkaufte Altersvorsorgeprodukte. Es dauerte eine Weile, bis mir klar wurde, dass diese Agentur ihre Mitarbeiter nicht wertschätzte. Als mir dann noch aufging, dass diese mangelnde Wertschätzung auch die Kunden mit einschloss, war es höchste Zeit, mich zu distanzieren.

Wieder fand ich eine Stelle als Honorarkraft. Als Psychologin begleitete ich Seminare für Suchtprävention. Die Zusammenarbeit mit dem Seminarveranstalter und Unternehmensberater machte viel Spaß, ich erhielt Wertschätzung und wurde gut bezahlt. Nun konnte ich für meine Kosten einigermaßen aufkommen und schreiben, um für mich zu analysieren.

Das erste Manuskript dieses Buches habe ich als eine Art Tagebuch geschrieben, um zu verstehen und zu verarbeiten. Das genau war ja auch der Grund, warum ich einen Kurs belegte, der da hieß: „Scheib Dein Buch aus der Seele.“

Beim Scheiben wurde mir jedoch eines ganz deutlich: Das allermeiste im meinem Leben ist völlig in Ordnung; es wird von mir als gegeben betrachtet. Das wenige, was nicht optimal ist, ist derart im Fokus, dass es alles andere überschattet. Vielleicht hätte alles gar nicht so lange gedauert, wenn ich mich in die negativen Seiten nicht so verbissen hätte. In jedem Fall hätte es meine Grundstimmung aufgehellt, wenn es mir gelungen wäre, für das, was da war, einfach nur unendlich dankbar zu sein.

Mit etwas Abstand konnte ich erkennen: Ich hatte mich auf der erreichten Zielsetzung Zufriedenheit ausgeruht. Ich war so zufrieden, dass ich mich nicht mehr bewegt hatte. Ich wollte, dass alles genauso bleibt, wie es ist. Das geht nie, denn jeder Moment ist neu, der Status quo lässt sich nicht festhalten. Damit mir das in Zukunft nie wieder passiert, ist zu überlegen, wie die Zielsetzung aussehen könnte, Zufriedenheit ist nie mehr das Ziel. Ich habe mich für Dankbarkeit entschieden, denn dann stehen mir alle Wege offen.

Ich hatte aufgehört, gute Fortbildungen zu besuchen, zuerst aufgrund der Tatsache, dass ich ja in meiner Zufriedenheit der Meinung war, das nicht zu brauchen. Als mir klar wurde, dass ich das sehr wohl dringend bräuchte, fehlte schlichtweg das Geld dafür. Ich nahm alles mit, was ich bekommen konnte für das wenige Geld. Die Themen, die ich mir in Seminarform nicht leisten konnte, vertiefte ich in Büchern. Ich hatte glücklicherweise nicht auch noch aufgehört zu lesen oder Hörbücher zu hören.

Ich habe viel zu lange gewartet, bis ich aktiv wurde. Wenn ich am Anfang aufmerksamer gewesen wäre, meine Wahrnehmung nicht verbogen hätte, dann hätte ich mir einen Coach leisten können und wäre wahrscheinlich sehr schnell auf Lösungen gekommen. Ich möchte jetzt nicht weiter ausführen, was alles hätte sein können: Es hat sich ja alles zum Guten gewendet.

In jeder Krise haben alle Menschen zwangsläufig eine Wahrnehmungsverschiebung – können deshalb keine konstruktiven Lösungen finden. Wenn wir durch die verschobene Wahrnehmung auf das Problem und die Lösung einen falschen Lösungsansatz wählen, dann geht auch die Energie in die falsche Richtung. Genau das ist mir passiert. Ich habe mich verhalten wie ein Insekt, das immer wieder gegen die Fensterscheibe fliegt, um rauszukommen. Diesem Tier würde es nichts bringen, größere Flügel zu haben oder einen stärkeren Schub. Da es die Scheibe offensichtlich nicht sehen kann, glaubt es, es gäbe sie nicht. Ich glaube, in unseren Krisensituationen benehmen wir uns alle recht ähnlich.

12.4 Der Jetzt-Moment

Durch die Bearbeitung meiner eigenen Fehler habe ich mir einen gewissen Expertenstatus erworben, den ich umgesetzt habe. Um das weiter zu untermauern, habe ich das Buch, was ich ursprünglich nur für mich geschrie ben habe, umgeschrieben und erweitert, damit auch andere Menschen von dieser Arbeit profitieren können.

Ich hoffe sehr, dass ich Dich mit diesem Buch unterstützen konnte, damit auch Du auf Deinem persönlichen Weg ein gutes Stück vorankommst. Ich danke Dir, dass Du meine Gedanken geteilt hast und wünsche Dir von ganzem Herzen alles Gute.

Solltest Du an irgendwelchen Stellen mit der Bearbeitung Deiner ganz individuellen Berufung und deren Positionierung nicht weiterkommen, dann würde ich Dich gerne unterstützen. Auf meiner Internetseite kannst Du einen Termin für ein kostenloses Telefonat von 30 Minuten Dauer vereinbaren.

Um Dich noch besser unterstützen zu können, findest Du auf meiner Website www.engel4success.de auch einen umfangreichen Unternehmercheck. Wenn Du diesen vor unserem Telefonat ausfüllst, können wir noch gezielter über Dich und Deine Lösungen sprechen, denn der Test macht deutlich, wo Du stehst und wo Du hinwillst.

Die vorgenannten Angebote sind kostenlos, die Entscheidung sollte somit einfach für Dich sein. Und Du kannst sicher sein: Von mir bekommst Du keine E-Mail-Flut, keine Newsletter.

Die neuste Studie von Prof. Amy Cuddy, Psychologin der Havard-Universität hat ergeben, dass wir uns zwei Fragen stellen, wenn wir einem Menschen begegnen, den wir noch nicht kennen:

1. Können wir der Person vertrauen?
2. Können wir die Person respektieren?

Diese beiden Fragen solltest Du für Dich beantworten können – vielleicht gerade, weil ich Dir keine 7 bis 9 E-Mails schicken möchte, sondern mich mit Dir auf meine Kosten unterhalten möchte.

Mit mir kannst Du persönlich kontakten. Ich möchte mit Dir sprechen, Dich kennenlernen, Dir genau das erzählen, was für Dich wichtig ist, Dir eine echte Unterstützung und Begleitung sein. Ich bin der Ansicht, dass wir sehr schnell herausfinden werden, ob die Chemie zwischen uns stimmt und Du einen echten Nutzen aus dem ziehen kannst, was ich Dir anbieten kann. Ich freue mich sehr darauf, Dich kennenzulernen.

Bis bald am Telefon oder per Skype.

Heike Engel-Wollenberg
Loxstedt-Bexhövede, im Oktober 2016

DANKE

„Dankbarkeit ist eine Liebeserklärung an das Leben."
(Irina Rauthmann)

Ich bedanke mich recht herzlich bei Jürgen Schröter, dem Inhaber der Autoren-Schule und Leiter des Kurses: „Scheib Dein Buch aus der Seele." Ohne Jürgen würde es dieses Buch nicht geben.

Ebenso bedanke ich mich bei Frau Barbara Budrich, der Verlegerin des Verlages Budrich-Inspirited. Wenn Frau Budrich nicht an mein anfängliches Manuskript und an mich geglaubt hätte, auch dann würde es dieses Buch nicht geben.

Ich danke von Herzen Kurt Tepperwein für das Vorwort zu diesem Buch. Ich bin einer seiner großen Bewunderer, habe fast alle seine Bücher gelesen und Seminare bei ihm besucht. Kurt Tepperwein hat meine Art zu denken maßgeblich beeinflusst. Ich habe mir sehr gewünscht, dass er das Vorwort für dieses Buch schreibt. Ich freue mich sehr darüber, dass er diesem Wunsch nachgekommen ist.

Heißen Dank an all meine Freunde, die so viel Verständnis gezeigt haben bezüglich meiner fehlenden Zeit für mehr Gemeinsamkeiten.

Und ein ganz besonders großer Dank geht an Michael, meinen über alles geliebten Mann, der mich immer wieder bestärkt hat, der mir die nötige Zeit, Ausdauer und die finanziellen Mittel zur Verfügung gestellt hat, damit ich mein größtmögliches Wachstum ausleben und meine persönliche Erfüllung finden konnte. Danke, dass Du immer an mich glaubst.

Und natürlich gilt ein besonderer Dank meinen Klienten, denn ohne Euch würde es nicht nur dieses Buch nicht geben, sondern auch mich nicht als Euren Sparringspartner.

Literaturverzeichnis (Bücher/E-Books/DVD/Video)

Ahmet, Helmut: Das universelle Erfolgs-Geheimnis, PegaStar CH, 2010. (kostenloster Download unter: http://www.helmut-ament.de/ [zuletzt abgerufen am: 04.10.2016])

Asgodom, Sabine: Eigenlob stimmt, Erfolg durch Selbst-PR. München: Econ, 2011.

Brandl, Peter: Crash-Kommunikation, Warum Piloten versagen und Manager Fehler machen. Offenbach: Gabal, 2010.

Brandl, Peter: Hudson River, Die Kunst, schwere Entscheidungen zu treffen. Offenbach: Gabal 2013.

Brandl, Peter: Kommunikation … und was Sie darüber wissen sollten, um sich das Leben leichter zu machen. Offenbach: Gabal, 2015.

Byron, Katie: Lieben was ist. München: Goldmann, 2002.

Corvey, Stephen R.: Vom Beruf zur Berufung. Offenbach: Hörbuch Gabal Audio, 2011.

Dahlke, Rüdiger: Das Buch der Widerstände. München: Arkana, 2013.

Day, Laura: Willkommen in der Krise. Berlin: Ullstein, 2009.

Ebbert, Birgit: Selbstmarketing, Mehr Erfolg durch geschickte Eigen-PR. Freiburg i.Br.: Haufe, 2013.

Etrillard, Stéphane: 30 Minuten Selbst-PR. Offenbach: Gabal, 2006.

Gladwell, Malcom: BLiNK!, Die Macht des Moments. München: GRIN Verlag, 2010.

Greisinger, Manfred: Ihr ICH als unverwechselbare MARKE. Allentsteig: Edition Stoareich, 2004.

Grzeskowitz, Ilja: Attitüde: Erfolg durch die richtige innere Haltung. Offenbach: Gabal 2013.

Höller, Jürgen: Ja! Wie Sie Ihre Ängste, Probleme und Krisen meistern. Weinheim: Wiley, 2009.

Höller, Jürgen: Sicher zum Spitzenerfolg. München: Econ, 2000.

Höller, Jürgen: Und immer wieder aufstehen! Wie ich die größte Krise meines Lebens bewältigte (kostenloser Download unter: http://www.und-immer-wieder-aufstehen.de/ [zuletzt abgerufen am: 04.10.2016]).

Kissner, Oliver: Erfolgreiche Positionierung, E-Book. (kostenloster Download unter: http://ebook.erfolgreiche-positionierung.de/ [zuletzt abgerufen am: 04.10.2016])

Kissner, Oliver: E-Mail-Lehrgang Positionierung mit 20 Strategien.

Merath, Stefan: Die Kunst, seine Kunden zu lieben, Neurostrategie für Unternehmer (Dein Business). Offenbach: Gabal, 2011.

Millmann, Dan: Die Lebenszahl als Lebensweg. Interlaken: Ansata 1995.

Pott, Oliver: Blaupause, DVD-Set und Buch.

Sawtschenko, Peter: Positionierung – das erfolgreichste Marketing auf unserem Planeten. Offenbach: Gabal management, 2006.
Schäfer, Bodo: Gesetze der Gewinner. Frankfurt a.M.: Frankfurter Allgemeine Buch, 2001.
Schäfer, Bodo: DVD-Set und Bücher Positionierung, Bodo Schäfer Akademie.
Schäfer, Bodo: YouTube-Videos Positionierung und Positionierung Schritt 2.
Schäfer, Bodo: Praxis-Handbuch Positionierung, Die Experten-Checkliste für Ihre Positionierung. Bergisch Gladbach: Reintgen & Schäfer Invest, 2007.
Schulz von Thun, Friedemann: Miteinander reden, Teil 1: Störungen und Klärungen. Reinbek bei Hamburg: Rowohlt, 2010.
Schulz von Thun, Friedemann: Miteinander reden, Teil 2: Stile, Werte und Persönlichkeitsentwicklung. Reinbek bei Hamburg: Rowohlt, 2010.
Schulz von Thun, Friedemann: Miteinander reden, Teil 3: Das „innere Team" und situationsgerechte Kommunikation. Reinbek bei Hamburg: Rowohlt, 2010.
Spezzano, Chuck: Erfolg kommt von innen. Petersberg: Via Nova 2005.
Tepperwein, Kurt: Der Weg zum Erfolg ist der Weg zu dir selbst. Landsberg: mvg, 2002.
Tepperwein, Kurt: Die Geistigen Gesetze, Erkennen, verstehen, integrieren. München: Goldmann, 1992.
Tepperwein, Kurt: Die Praxis der geistigen Gesetze. München: Goldmann, 2009.
Tepperwein, Kurt: Vom Beruf zur Berufung, So erlangen Sie mehr Erfolg und Zufriedenheit im Leben. Landsberg: mvg, 1999.
Walsch, N. Donald: Wenn sich alles verändert, verändere alles. München: Goldmann, 2013.
Watzlawick, Paul: Anleitung zum Unglücklichsein. München: Piper, 2005.
Watzlawick, Paul: Wie wirklich ist die Wirklichkeit. München: Piper, 2005.
Werther, Dagmar (Hrsg): Vision – Mission – Werte. Weinheim: Beltz, 2015.